职业教育电气化铁道供电专业"十三五"规划教材

维修电工实训与技能

主　编　田媛媛

副主编　丁丽霞

主　审　刘清香

西南交通大学出版社

·成　都·

图书在版编目（ＣＩＰ）数据

维修电工实训与技能 / 田媛媛主编. —成都：西
南交通大学出版社，2018.2（2022.11 重印）
职业教育电气化铁道供电专业"十三五"规划教材
ISBN 978-7-5643-6067-2

Ⅰ. ①维… Ⅱ. ①田… Ⅲ. ①电工 – 维修 – 职业教育
– 教材 Ⅳ. ①TM07

中国版本图书馆 CIP 数据核字（2018）第 028637 号

职业教育电气化铁道供电专业"十三五"规划教材

维修电工实训与技能

	责任编辑 / 李　伟
主　　编 / 田媛媛	助理编辑 / 何明飞
	封面设计 / 何东琳设计工作室

西南交通大学出版社出版发行

（四川省成都市金牛区二环路北一段 111 号西南交通大学创新大厦 21 楼　610031）
发行部电话：028-87600564　028-87600533
网址：http://www.xnjdcbs.com
印刷：四川煤田地质制图印刷厂

成品尺寸　185 mm×260 mm
印张　7.5　　字数　201 千
版次　2018 年 2 月第 1 版　　印次　2021 年 11 月第 3 次

书号　ISBN 978-7-5643-6067-2
定价　22.00 元

前　言

进入 21 世纪以来，在职业教育领域我国一直在进行新的尝试和探索。教学改革的实行，新教学思维的运用，先进教学理念的传导都在切实改变着我国的传统教育模式。

"十三五"期间，全国将加快职业教育结构调整，坚持"面向市场、服务发展、促进就业"的办学方向以及创新技术技能人才培养模式。以增强学生核心素养、技术技能水平和可持续发展能力为重点，统筹规划课程与教材建设，对接最新行业、职业标准和岗位规范，优化专业课程结构，更新教学内容。强化课堂教学、实习、实训的融合，普及推广项目教学、案例教学、情境教学等教学模式。积极推行"双证书"制度，统筹相关课程考试考核与职业技能鉴定。

本课程是中等职业学校电工电子专业的主干课程。通过培养学生的创新精神和实践能力，达到为生产、管理第一线输送高素质劳动者和初、中级技能人才的目的。本书在编写中贯穿"以职业标准为依据、以企业需求为导向、以职业能力为核心、以实用够用为尺度"的理念。内容遵循"从理论中来，到实践中去，循序渐进"的原则，旨在提高学生实作技能，真正做到"知行合一"。引导学生在掌握理论知识的基础上，通过实践教学加深对理论知识的理解和应用，最重要的是在实训中强化知识，增强学生的实践能力。

本教材的主要特色：

（1）职业导向性强。针对职业院校"双证书"制度的要求，本书在编写过程中紧密结合职业资格认证中对电工技能的要求，编写了维修电工技能认证实作考核部分相关内容。

（2）注重提高实践能力。在任务的确定上注重学生实作能力的培养，理论和实践一体化教学，任务明确，引导学生自主探究学习，有利于扩展学生的创新能力和个性发展。

（3）知识注重实用性。力求与生产和生活相结合，教学任务由简入繁，化整为零，为学生后期综合练习做好理论知识和实践技能的积累，有较强的实用性。

（4）模块化编写方式。根据行业要求制订工作任务，采用模块化的编写方式。每个模块在内容上既有相对的独立性，又有通用性。全书共分基础知识、实作训练、实训考核三大部分。基础知识分为 6 个课题，为实际操作打下理论基础；实作训练分 13 个实训模块，可提高学生实际操作能力；实训考核分 5 个考核模块，为学生取得相应职业资格证书提供帮助。

（5）重视工艺实践要求。考虑到实践教学的需要，重视基本工艺的训练和实操技能的培养。

本书由田媛媛主编，丁丽霞任副主编，刘清香负责修订、审核，张居卫参与部分内容编写。编写过程中引用和参考了部分文献资料已在书后列出，在此对原作者表示感谢！

由于编者水平有限，书中难免有不妥之处，敬请广大读者予以批评指正，并提出宝贵意见和建议。

编　者

2018 年 1 月

目 录

第一部分 基础知识

第二部分　实作训练

第三部分　实训考核

第一部分　基础知识

【内容提要】

本单元共设 6 个课题，在介绍安全用电的基础上，讲解了常用电工工具、仪表的使用方法以及常用低压电器、识图知识和三相异步电动机等基础知识。

课题一　安全用电

安全是人类生存的基本需求之一，也是人类从事各种活动的基本保障。电是现代物质文明的基础，它的应用无处不在。随着电气化程度的提高，人们接触电的机会也越来越多，同时用电事故也时有发生。

触电一般指人体直接接触带电体，或者通过其他导电途径（如电弧）触及带电体而引起的局部受伤或者死亡的现象。触电会对人体造成各种伤害，如损伤呼吸、心脏和神经系统，使人体内部组织受到破坏，乃至最后死亡。根据对人体伤害程度的不同，触电可分为电击和电伤两种。

电击是指电流通过人体时所造成的内伤。人体内部器官受到损害，轻者肌肉痉挛，内部组织损伤，造成发麻发热，严重时会造成呼吸困难、昏迷窒息、心脏停搏，甚至死亡。通常意义上说的触电就是电击，触电死亡大部分也是由电击造成的。

电伤是指电流的热效应、化学效应、机械效应以及在电流本身的作用下造成的人体外伤。常见的是熔化或蒸发的金属微粒等侵入皮肤造成人体创伤，严重时也可危及生命。电伤又分为灼伤、电烙印和皮肤金属化三类。触电时电击和电伤会同时对人体产生危害，我们在日常用电时一定要严格按照安全规程操作，注意用电安全。

一、影响电流对人体伤害程度的因素

电流危害的程度主要与通过人体的电流强度、频率、途径及持续时间、人体电阻、身体状态等因素有关。

1. 电流强度对人体的危害

通过人体的电流越大，人体的生理反应越明显，感觉越强烈，因而伤害也越严重。表

1.1.1 为通过人体电流（工频）大小与人体受伤害程度的关系。从表中可以看出，感觉电流一般不会对人体造成伤害，但当电流增大时，感觉就会越来越明显；摆脱电流在一般情况下不会对人体造成不良后果；致命电流会危及生命。

表 1.1.1　通过人体电流（工频）大小与人体受伤害程度的关系

名　称	定　义	对成年男性	对成年女性
感觉电流	人体感到有轻微刺痛或麻颤的最小电流	1.1 mA	0.7 mA
摆脱电流	人体触电后能自主摆脱电源的最大电流	16 mA	10 mA
致命电流	在较短时间内通过人体最短路径（左胸—左手）危及生命的最小电流	30 ~ 50 mA	

2. 电流频率对人体的影响

在相同的电流强度下，不同频率电流对人体的影响程度不同。频率为 28 ~ 300 Hz 的电流对人体影响较大，最严重的是频率为 40 ~ 60 Hz 的电流。交流电的频率偏离工频越远，对人体的伤害就越低，当电流频率大于 20 kHz 时，所产生的损害作用明显减小。用于理疗的一些仪器一般采用这个频率。

3. 电流通过人体的途径

电流通过人体的途径不同，对人体的伤害程度也不同。电流通过人体的头部，会使人昏迷而死亡；电流通过脊髓，会导致截瘫等严重损伤；电流通过中枢神经或有关部位，会引起中枢神经系统严重失调甚至死亡；电流通过心脏，会引起心室颤动，致使心脏停止跳动而死亡。实践证明，从左手到脚是最危险的电流途径，因为此时心脏直接处在电路中。

4. 电流的持续时间对人体的危害

电流作用于人体时间的长短决定着电流对人体的伤害程度。电流通过人体的时间越长，人体由于电流的作用发热出汗，同时电流对人体组织也有电解作用，使人体的电阻逐渐变小，在电压一定的情况下，电流逐渐增大，对人体组织的破坏更大，后果更严重。电击能量超过 50 mA·s 时，人体就会有生命危险。一般来说，通过人体电流的时间越长，允许通过的电流越小。因此，当发生触电事故时，应及时让人体与带电体分离，以减少电流对人体的伤害。

5. 人体电阻

人体电阻主要包括人体内部电阻和皮肤电阻。人体内部电阻是固定不变的，与接触电压和外部条件无关，一般约为 500 Ω。人体皮肤在触电时对人身起一定的保护作用，皮肤电阻一般是指手和脚的表面电阻，它随皮肤的清洁、干燥程度及接触电压等变化。一般来说人体电阻不是固定不变的，它的数值随着接触电压的升高而下降。不同的人，其人体电阻不同，通常人体电阻为 1 000 ~ 2 000 Ω。

6. 人体状态

此外，触电对人体伤害程度还与触电者的性别、年龄、健康状况、精神状态等有着密切的关系。

二、电压限值

触电对人体造成伤害的直接原因是人接触带电体后，电流通过人体并对其产生伤害。我们把人体或动物接触到设备的一个或多个可触及带电体时，通过人体或动物身体的电流称为接触电流。也就是说，人体触及电压之后才产生了接触电流。所以为了降低或避免触电事故的发生，在电气设备和装置的设计中，必须预先考虑到可能的接触电压，并把它限制在安全的范围内，这就是所谓的"接触电压限值"。我们可以认为，电压限值及低于限值的电压在规定的条件下，对人体不构成威胁。电压限值与人体阻抗、可接触部分、电气系统、外部环境等有一定的关系。不同环境下电压限值有所不同，具体可参见国家标准《特低电压（ELV）限值》（GB/T 3805—2008）。

三、触电方式

人体触电方式主要有单相触电、两相触电和跨步电压触电三种。

1. 单相触电

是指人体与大地之间互不绝缘的情况下，人体的某一部位触及三相电源线中任意一根导线，电流从带电导线经过人体流入大地而造成的触电伤害。单相触电又可分为中性线接地和中性线不接地两种。

（1）中性线接地的单相触电。

如图 1.1.1（a）所示，站立在地面上的人手触及相线 L_3，电流由相线 L_3 经过人手、身体、脚、大地、中线再回到相线 L_3，形成闭合回路。这时人体所触及的电压基本上是相电压，在低压动力和照明线路中为 220 V，这是很危险的。

（2）中性线不接地的单相触电。

如图 1.1.1（b）所示，当站立在地面上的人手触及电源的相线 L_3 时，由于另外两根相线与大地间存在对地电容，所以有对地的电容电流从 L_1、L_2 两相流入大地，并全部经人体流到相线 L_3。一般来说，导线越长，对地的电容电流越大，其危险性也越大。

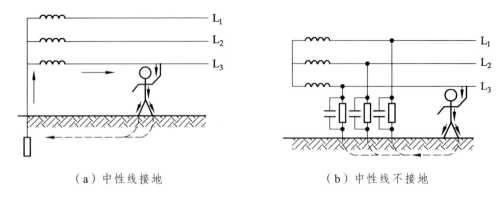

（a）中性线接地　　　　　　　　　　　　（b）中性线不接地

图 1.1.1　单相触电

2．两相触电

两相触电也叫相间触电，是指人体与大地绝缘的情况下，人体不同的两处部位同时接触到两根不同的相线，或者同时触及电气设备的两个不同相的带电部位，电流由一根相线经过人体流到另一根相线，从而形成环形闭合通路。这是最危险的一种触电形式，如图 1.1.2所示。相间触电加在人体上的是线电压 380 V，并且电流大部分通过心脏，所以造成的后果十分严重。

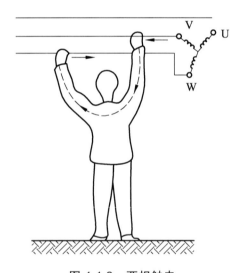

图 1.1.2　两相触电

3．跨步电压触电

高压电线或者电气设备发生接地故障时，因触地而有电流流入地下，电流在触地点周围产生电压降。当人走近带电体触地点且未与大地绝缘的情况下，两脚之间会形成电势差，引起跨步电压触电（见图 1.1.3）。跨步电压与跨步的大小成正比，并且离带电体触地点越近，跨步电压越大。因此，跨步越大越危险，越靠近带电体越危险。一般来说，带电体触地点 20 m 以外的跨步电压减小到近似为零，可以认为比较安全。

图 1.1.3　跨步电压触电

四、保护接地和保护接中线

1. 保护接地

按规定，在电压低于 1 000 V 电源中性点不接地的电力网中，或电压高于 1 000 V 的电力网中都应采用保护接地。即把电动机、变压器、铁壳开关等电气设备的金属外壳用电阻很小的导线同接地极可靠地连接，如图 1.1.4（a）所示。

采用保护接地后，即使因电气设备绝缘损坏而漏电，当人体触及外壳时，由于人体电阻远大于接地极的电阻，因此几乎不会有电流经过人体。一般接地极电阻应小于 4 Ω，通常采用埋在地中的铁棒、钢管作为接地极。

2. 保护接中线

电压低于 1 000 V 电源中性点接地的电力网，应采用保护接中线（也称零线）。即把电气设备的金属外壳和中性线相接，如图 1.1.4（b）所示。当电动机外壳接中线后，如

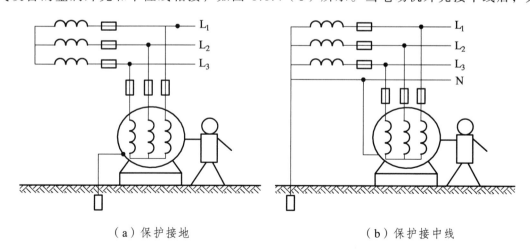

（a）保护接地　　　　　　　　　　　（b）保护接中线

图 1.1.4　保护接地和保护接中线

果有一相因绝缘损坏而碰壳时，则该相短路，立即烧断熔丝，或使其他保护电器动作而迅速切断电源，避免发生触电事故。此外，为防止零线回路断开时零线出现相电压而发生触电事故，零线上不得安装熔断器和断路器。

需注意，在同一电力网中，不允许一部分设备接地而另一部分设备接中线，否则接地设备发生触碰设备金属外壳故障时，零线电位升高，接触电压可达到 220 V，这样就增加了发生触电事故的危险性。

五、安全用电常识

防止触电是安全用电的核心，因为没有任何一种保护措施或者保护装置是万无一失的。为防止触电事故的发生，除了应该采取一系列的安全措施外，最重要的是要提高我们安全用电的意识和警惕性。在工作中应注意以下几点：

（1）凡裸露的导体、绝缘损坏的导线及接地端，在不知是否带电的情况下，绝不能用手触摸。如要判断其是否带电，必须使用完好的验电设备。此外，凡暴露于电器外的接头，应及时进行绝缘防护，并将其置于人体不易触及的位置。

（2）在修理电气设备用具时，不应带电操作，即使是更换熔丝，也应先切断电源。如必须带电操作，则必须采取相应的安全措施。如人应站在绝缘板上，或穿绝缘鞋、戴绝缘手套等，并且有专人在场监护，以防事故发生。

（3）手电钻、电风扇等电气设备的金属外壳必须要有专用的接零导线。

（4）移动行灯、机床照明灯等，应使用 36 V 及以下的限值电压。在特别潮湿的场所，应使用不高于 12 V 的电压。

（5）当有人触电时，如在开关附近，应立即切断电源；如附近无开关，应尽快用干燥的木棍等绝缘物体打断导线或挑开导线使其脱离触电者，绝不能用手去拉触电者。如伤者脱离电源后已昏迷或停止呼吸，应立即进行人工呼吸并送医院抢救。

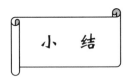

小 结

人体直接接触带电体或者通过其他导电途径（如电弧）触及带电体而引起的局部受伤或者死亡的现象称为触电。电流对人体的伤害形式主要有电击和电伤两种。

影响电流伤害程度的因素主要与电流强度、电流频率、电流流过人体路径、持续时间、人体电阻、人体状态等有关。

人体触电方式主要有单相触电、两相触电及跨步电压触电等。防止人身触电的措施有保护接地和保护接零。应掌握安全用电常识，树立安全用电意识。

思考与练习

1. 填空题

（1）触电对人体伤害程度不同，可分为_____和_____两种。

（2）触电的方式主要有_____、_____和_____三种。

（3）单相触电又分为_____和_____两种情况。

2. 简答题

（1）什么叫触电？影响电流伤害程度的因素主要有哪些？

（2）什么是保护接地？保护接地适用于哪些场合？

（3）什么是保护接零？保护接零适用于哪些场合？

3. 日常生活和工作中怎样才能做到安全用电，请结合实际谈谈自己的想法。

课题二 常用电工工具与导线加工工艺

在电路连接、测试过程中能否正确使用和维护电工工具直接关系到工作质量、效率及操作的安全。正确使用工具对操作人员来说是必不可少的基本技能，本课题将介绍部分常用工具的特点和使用方法。

一、常用电工工具

1. 低压验电器

低压验电器常称作验电笔，简称电笔，也称为试电笔，是用来测试开关、导线、插座等低压导体和电气设备是否带电的低压验电工具。其体积小，易于携带，是电工必备的工具之一。验电笔的检测范围为 100～500 V，它不允许检测高压电气设备或线路。

验电笔为了工作和携带方便，常做成钢笔式或螺丝刀式。其结构（见图 1.2.1）是由笔尖金属探头、高值电阻、氖管、弹簧和笔尾的金属触头构成，笔身侧面有观察孔方便观察氖管状态。

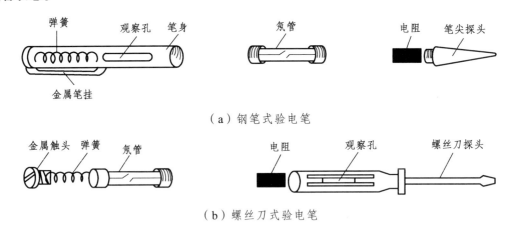

（a）钢笔式验电笔

（b）螺丝刀式验电笔

图 1.2.1 验电笔结构

使用验电笔测试带电体时，应手拿验电笔，手指触及笔尾的金属触头，此时带电体经笔尖金属探头、电阻、氖管、弹簧、笔尾的金属触头，再经过人体接入大地，形成回路。当带电体电压超过 100 V 时，氖管灯就会发亮，指示被测体带电。验电笔正确的握笔方法如图 1.2.2 所示。

在使用验电笔检测前应先进行检查，看是否损坏、氖管是否会发光，合格后方可使用。使用时用力要轻，扭力不可过大，以防损坏。使用后要保持整洁、放置于干燥处，防止摔坏。

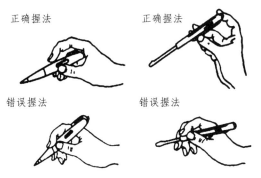

正确握法　　　　　　正确握法

错误握法　　　　　　错误握法

图 1.2.2　验电笔及其握法

2. 螺丝刀

电工常用工具中的螺丝刀是旋具的一种，又称为改锥、起子，也叫螺钉旋具。它由刀柄和刀体组成，是用来紧固或拆卸各种带槽螺钉的工具。螺丝刀可分为一字形和十字形两种，如图 1.2.3 所示。使用时应按照螺钉的规格选用合适的刀头。电工常用一字形螺丝刀的规格有 50 mm、100 mm、150 mm、200 mm 等 4 种；十字形螺丝刀的规格有 Ⅰ、Ⅱ、Ⅲ 和Ⅳ 4 种，其中Ⅰ号适用于螺钉直径为 2 ~ 2.5 mm、Ⅱ号适用于 3 ~ 3.5 mm、Ⅲ号适用于 6 ~ 8 mm、Ⅳ号适用于 10 ~ 12 mm。

（a）一字形　　　　　　　　　　　　（b）十字形

图 1.2.3　螺丝刀

使用螺丝刀紧固或拆卸带电螺钉时，手不得触及螺丝刀的金属杆，以免发生触电事故。螺丝刀较大时，除手指应夹住握柄外，手掌还要顶住柄的末端以防旋转时滑落。螺丝刀较小时，用大拇指和中指夹着握柄，同时用食指顶住柄的末端用力旋转。图 1.2.4 为螺丝刀的正确握法。

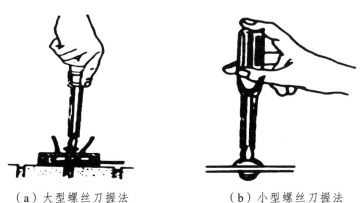

（a）大型螺丝刀握法　　　　　（b）小型螺丝刀握法

图 1.2.4　螺丝刀的正确握法

3. 钢丝钳

钢丝钳俗称卡丝钳、手钳、电工钳，是电工用来剪切或夹持电线、金属丝和工件的常用工具。钢丝钳主要由钳头、钳柄和绝缘套组成。钳头又由钳口、齿口、刀口和铡口4个工作口组成。其中钳口用来弯绞和钳夹线头；齿口用来旋转螺钉、螺母；刀口用来切断电线、起拔铁钉、剥削绝缘层等；铡口用来铡断硬度较大的金属丝，如铁丝等。电工常用的钢丝钳有150 mm、175 mm、200 mm三种规格。使用时，一般用右手操作，将钳头的刀口朝内侧，即朝向操作者，以便控制剪切部位。再用小指伸在两钳柄中间来抵住钳柄，张开钳头，这样分开钳柄比较灵活。钢丝钳的构造及使用如图1.2.5所示。

钢丝钳不能当作敲打工具使用，以免变形。切勿损伤绝缘手柄，并注意防潮。带电操作时手与钢丝钳的金属部分需保持2 cm以上的距离；剪切带电导线时，不得同时剪切两根导线，以免发生短路故障。根据用途不同，应选用不同规格的钢丝钳。日常维护时钳轴要经常加油，防止生锈。

钢丝钳的使用注意事项：

（1）使用前，应检查钳柄的绝缘套是否完好；

（2）剪断带电导线时，不能同时剪切两根导线；

（3）切勿用刀口去剪切钢丝，以免损伤刀口；

（4）钳柄的绝缘管破损后应及时调换，不可勉强使用，以防作业中钳头触到带电部位而发生意外事故。

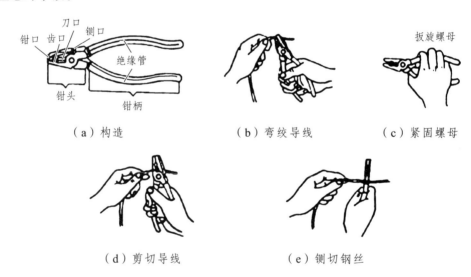

图 1.2.5 钢丝钳的构造及使用

4. 尖嘴钳

尖嘴钳分为钳头、钳柄和绝缘套管三部分，见图1.2.6。因钳头部分比较细长，因而能在比较狭小的地方工作。用途与钢丝钳相仿，主要用于切断较小的导线、金属丝等，并可用于弯曲单股导线"羊眼圈"接线端子成型，在后面的实训练习中常用于导线成型。

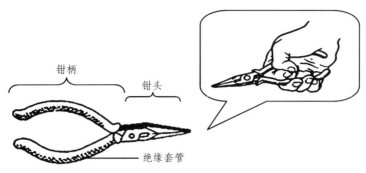

图 1.2.6　尖嘴钳的结构及使用方法

尖嘴钳按其长度不同分为不同的规格，一般有 130 mm、160 mm、180 mm 和 200 mm 4 种。使用时注意不要用其装卸螺丝、螺母，用力夹持硬金属导线及硬物等，以免钳嘴损坏。对带绝缘柄的尖嘴钳，要保护好绝缘。不可使用绝缘柄已损坏的尖嘴钳带电操作，如需带电操作，手与尖嘴钳的金属部分需保持 2 cm 以上的距离，以保证人身安全。

5. 斜口钳

斜口钳又称扁口钳、断线钳，形状如图 1.2.7 所示。斜口钳的规格与尖嘴钳相同，主要用于剪断较粗的电线和其他金属丝，还常用于剪掉印制线路板焊接点上多余的导线和插接件过长的引线，还可用于剪切绝缘套管、尼龙扎带等。斜口钳的握法与使用注意事项与尖嘴钳基本相同。不要用斜口钳剪切硬度较大的钢丝和螺钉等，否则会损坏钳口。

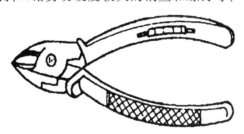

图 1.2.7　斜口钳

6. 剥线钳

剥线钳是一种剥离小直径导线绝缘层的专用工具，形状如图 1.2.8 所示。剥线钳主要由钳头和钳柄组成，钳口有几个不同直径的切口位置，以适应不同导线的线径要求。

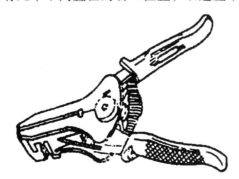

图 1.2.8　剥线钳

使用剥线钳时先要根据所剥导线的线径选择好合适的切口位置，如果线径切口位置选择不当，可能会造成绝缘层无法剥离，甚至会损伤被剥导线的芯线。选择好合适的切口后，将需剥导线放入所选的切口位置，然后用手握住两手柄，向里合拢，这样就可剥掉导线端头的绝缘层。

7. 电工刀

电工刀是用来刨削电工材料绝缘层和切割电工材料的常用工具，如图 1.2.9 所示。电工刀由于刀柄不是由绝缘材料制成的，所以不能带电操作。

图 1.2.9　电工刀

使用电工刀时，刀口应倾斜向外，以 45° 角倾斜切入，以 25° 角倾斜推削使用。使用完毕，要及时把刀身折入刀柄内，以免刀刃受损或伤及人身。

二、导线加工工艺

生活和工作当中，常采用铜和铝作为导电材料，制成导线。因为这两种材料导电性能较好，机械强度较大，容易加工和焊接，并且受自然环境影响较小。

导线有很多种分类方法，通常按每根导线线芯的股数可分为单股线和多股线，一般 6 mm^2 以上的绝缘电线都是多股线，6 mm^2 及以下的绝缘电线可以是单股线，也可以是多股线。我们又习惯把 6 mm^2 及以下单股线称为硬线，多股线称为软线。不同的线路要按要求选择不同的导线，既要保证安全性又要杜绝浪费。

导线的加工是电气操作人员在日常工作中经常用到的基本技能之一。导线的加工工艺直接影响着线路和设备正常运行的可靠性和安全性。

1. 导线绝缘层的剥除

导线在连接之前，需要先剥除其绝缘层。剥除绝缘层常用的电工工具有剥线钳、钢丝钳、电工刀等，工具的选择可根据剥去导线绝缘层的长度、导线的直径和导线的股数来决定。剥除绝缘层时应注意不要伤及线芯。

用钢丝钳剥除绝缘层，用力要适中，要保持芯线的完整，不得伤及芯线，如图 1.2.10 所示。

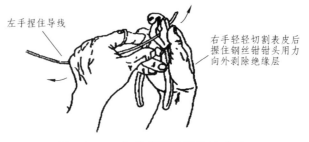

图 1.2.10　钢丝钳剥除绝缘层方法

使用电工刀剥除绝缘层，也要注意掌握力度，切入和推削角度要合适。图 1.2.11 所示为电工刀剥除单层导线绝缘层和塑料套管绝缘层的方法。切忌将刀刃垂直导线切割绝缘层，割伤线芯。

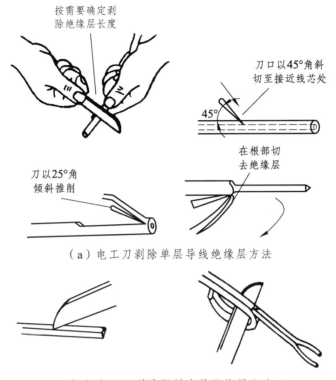

（a）电工刀剥除单层导线绝缘层方法

（b）电工刀剥除塑料套管绝缘层方法

图 1.2.11　电工刀剥除绝缘层方法

2. 导线与接线桩的连接

在电气装置上，很多地方都需要将导线与接线桩进行连接。常用的接线桩有针孔式、平压式和瓦式三种。

（1）导线与针孔式接线桩的连接。

导线与针孔式接线桩的连接根据芯线的股数分为单股与多股芯线两种，线芯又会根据插孔的大小进行适当的成型。

单股导线与针孔式接线桩连接时，如果导线线芯横截面积与接线桩插孔大小适宜，只需把芯线直接插入针孔再旋紧螺钉即可，如图 1.2.12（a）所示。如果单股导线线芯较细，需把芯线折成两折，再插入针孔，旋紧螺钉即可，如图 1.2.12（b）所示。

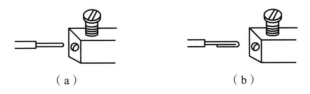

（a）　　　　　　　　　　（b）

图 1.2.12　单股芯线与针孔式接线桩连接

多股导线与针孔式接线桩连接时，如果导线线芯横截面积与接线桩插孔大小适宜，应先绞紧线芯，再把芯线直接插入针孔旋紧螺钉即可，如图 1.2.13（a）所示，注意不要有细丝露在针孔外。如果多股导线线芯较细，需把芯线折成两折，或者用其他细裸线扎成绑扎线，再插入针孔，旋紧螺钉即可，如图 1.2.13（b）所示。相反的，如果多股导线线芯比插孔粗，就需把芯线分散开，适量剪去几股，然后绞紧线头插入针孔，再旋紧螺钉即可，如图 1.2.13（c）所示。

导线与接线桩连接紧密后，预留一部分导线，这样可以避免对接线处拉力过大，也可以为将来的检修留下适量的导线材料，如图 1.2.13（d）所示。

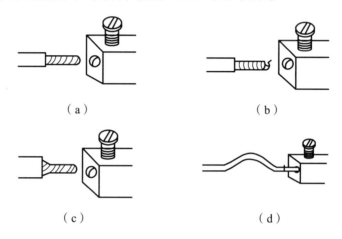

图 1.2.13　多股芯线与针孔式接线桩连接

（2）导线与平压式接线桩的连接。

导线与平压式接线桩连接时经常把接头部分弯成羊眼圈。羊眼圈一般用尖嘴钳成型，即先在绝缘层剥头根部约 3 mm 处把导线弯成约 45° 左右的折角，然后用尖嘴钳的钳嘴部分把导线弯成略大于螺钉直径的弯曲环，芯线多余部分剪去，最后修正成圆环，如图 1.2.14 所示。连接接线桩时把羊眼圈套在接线桩螺丝上，羊眼圈弯曲的方向应该与螺钉拧紧的方向一致，最后旋紧螺钉。

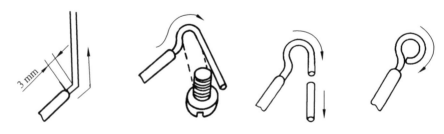

图 1.2.14　单股芯线羊眼圈弯法

（3）导线与瓦式接线桩的连接。

导线与瓦式接线桩连接时，通常用尖嘴钳钳嘴部分把线头弯成"U"形，钩在接线桩的螺钉上，最后上紧螺钉即可。如一个接线桩上需连接两根导线时，两个线头都弯成"U"形，按相反的方向叠在一起，见图 1.2.15。

图 1.2.15　导线与瓦式接线桩连接方法

3. 导线绝缘层的恢复

为了保证安全用电，导线在连接和绝缘层破损后都要恢复绝缘，并且恢复后的绝缘性能不应低于原有的绝缘能力。导线绝缘层一般采用包缠法，见图 1.2.16。包缠时不要过疏，更不能露出芯线。

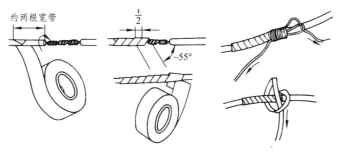

图 1.2.16　绝缘带包缠法

常用的电工工具有验电笔、螺丝刀、钢丝钳、尖嘴钳、斜口钳、剥线钳和电工刀，应了解它们的使用场合、使用方法以及使用中的注意事项，通过实践学会正确的使用方法。

了解线头的加工工艺，掌握剥除导线绝缘层的方法，学会导线和接线桩的正确连接方法，了解导线绝缘层的恢复。

1. 使用验电笔时应注意哪些事项？
2. 尖嘴钳在电工操作中有哪些用途？使用时应注意哪些问题？
3. 试写出剥线钳的使用方法。
4. 实作练习：
（1）练习导线绝缘层的剥除。
（2）练习羊眼圈成型。

课题三　电工常用仪表

电气操作人员在工作中经常会使用各种仪器仪表对线路或者设备进行测试,它像是操作人员在工作中的"眼睛"一样,通过它人们能了解到所测线路或设备的电路特性。我们把这种测量各种电学量和磁学量的仪表统称为电工测量仪表,它是检测与保证各类电气设备及电力线路实现安全运行的重要测试装置,是电力操作人员必不可少的计量仪器。常用的电工测量仪表有万用表和兆欧表两种。

一、万用表

万用表是一种多功能、多量程的便携式电工电子仪表,一般的万用表可以测量直流电流、直流电压、交流电压和电阻等,有些万用表还可以用来测量电容、电感、功率、晶体管直流放大倍数 h_{FE} 等。其结构简单、便于携带、使用方便、用途多样、量程范围较广,是电工电子专业的必备仪表之一。

万用表按其内部结构划分可分为指针式和数字式两种。指针式万用表是以机械表头为核心部件的多功能测量仪表,所测数值由表头指针指示读数,如图 1.3.1(a)所示;数字式万用表所测数值是由液晶屏幕直接以数字的形式显示,有的还带有语音提示功能,如图 1.3.1(b)所示。

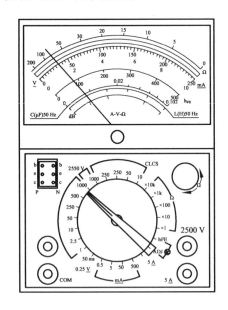

（a）指针式万用表

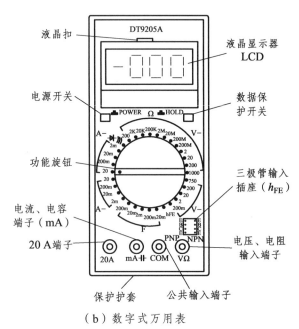

（b）数字式万用表

图 1.3.1　万用表

1. 万用表的使用方法

下面以 MF47 指针式万用表为例，介绍万用表的使用方法。MF47 型万用表是设计新颖的磁电系、整流式、便携式、多量程、指针式万用电表，其刻度盘如图 1.3.2 所示。可测量直流电流、交直流电压、直流电阻等，具有 26 个基本量程和电容、电感、晶体管直流参数等 7 个附加参考量程。

图 1.3.2　MF47 指针式万用表刻度盘

刻度盘与挡位盘的颜色分别按交流红色，晶体管绿色，其余黑色对应制成，使用时读数便捷。刻度盘共有 6 条刻度，第一条供测电阻用；第二条供测交直流电压、直流电流用；第三条供测晶体管放大倍数用；第四条供测量电容用；第五条供测电感用；第六条供测音频电平用。刻度盘上装有反光镜，可消除视差。

除交直流 2 500 V 和直流 5 A 分别有单独插座之外，其余各挡切换只需转动转换开关就能实现，使用方便。

（1）使用前的准备工作。使用前首先应检查指针是否指在机械零位上，如不指在零位，可旋转表盖的调零器使指针指示在零位上（称为机械调零）。再将测试表笔红黑插头分别插入"＋""－"插座中。如测量交直流 2 500 V 或直流 5 A 时，红表笔应分别插到标有"2 500"或"5 A"的插座中。

（2）电阻测量方法。选择合适量程后，先将红黑两支表笔搭在一起短路，使指针向右偏转，随即调整"Ω"调零旋钮（称欧姆调零），使指针恰好指到零（若不能指示欧姆零位，则说明电池电压不足，应更换电池）。然后将两支表笔分别紧密接触被测电阻（或电路）两端，读出指针在欧姆刻度线（第一条线）上的读数，再乘以该挡标的数字，就是所测电阻的阻值。例如用欧姆"×100"挡测量电阻，指针指在"80"，则所测得的电阻值为 80 × 100 = 8 kΩ。

测量电阻的步骤：① 粗测；② 选择合适的量程；③ 进行欧姆调零；④ 进行测量；⑤读数。

测量电阻应注意：① 由于"Ω"刻度线左部读数较密，难以看准读数误差较大，所以测量时应选择适当的欧姆挡量程，使指针尽量能够指向刻度盘中间偏右 1/3 的区域；② 测量电路中的电阻时，应先切断电路电源，如电路中有电容应先行放电；③ 每次换挡，都应重新将两支表笔短接，重新调整指针到零位（欧姆调零），这样才能测准；④ 测量电阻时不能两手同时接触电阻或表笔，否则测量时就接入了人体电阻，导致测量结果不准确（阻值偏小）；⑤读数时，从右向左读，且目光应与表盘刻度垂直；⑥测量电阻值的大小应为刻度数乘以量程。

（3）直流电压测量方法：首先估计被测电压的大小，然后将转换开关拨至适当的"V"量程，将正表笔接被测电压"＋"端，负表笔接被测电压"－"端。然后根据该挡量程数字和标直流符号"V"刻度线（第2条线）上的指针所指数字，读出被测电压的大小。如用"V250"挡测量，可以直接读0～250 V的指示数值；如用"V500"挡测量，只需将刻度线上"50"这个数字后加上一个"0"，看成是500，再依次把20、10等数字看成是200、100，即可直接读出指针指示数值。例如用"V500"挡测量直流电压，指针指在"22"刻度处，则所测得电压为220 V。

（4）交流电压测量方法：测交流电压的方法与测直流电压相似，所不同的是因交流电没有正、负之分，所以测量交流电压时，表笔也就不需分正、负。首先估计被测电压的大小，然后将转换开关拨至适当的"V"量程（交流挡）。必须注意的是，测量交流电压时必须选择"交流电压挡"（测量前必须确认已选择交流电压挡后，方可进行测量）。读数方法与上述测量直流电压读法一样，只是数字应看标有交流符号"AC"的刻度线上的指针位置。

2. 万用表使用注意事项及维护

万用表虽有双重保护装置，但在使用和日常维护时仍应遵守下列规程，避免意外损伤仪表。

（1）测量高压或大电流时，为避免烧坏开关，应在切断电源情况下变换量程。测未知量的电压或电流时，应先选择最高挡位，待第一次读取数值后，再逐渐转至适当量程，以取得较准读数并避免烧坏电路。测量高压时，要站在干燥的绝缘板上，再一手操作，防止意外事故发生。

（2）偶然发生因过载而烧断保险丝时，可打开表盒换上相同型号的保险丝（0.5 A/250 V）。

（3）电阻各挡所用干电池应定期检查、更换，以保证测量精度。平时不用万用表应将挡位盘置于交流最大量程挡或者"off"挡；如长期不用，应取出电池，以防止电液溢出腐蚀而损坏其他零件。

（4）每次测量时，需进行机械调零，否则测量结果不准确。测量电阻时每换一次挡位都要进行欧姆调零。

（5）使用万用表时，应将万用表水平放置在桌面上；读数时视线应与指针垂直，以免产生误差。

数字式万用表和指针式万用表测量的方法基本类似，也可测量电压、电流和电阻等，具体的操作方法和注意事项在这里我们不再赘述。

二、兆欧表

兆欧表是用来测量大电阻的电工测量仪表，因表上大都有一个手摇发电机，故被称作摇表。其体积小、重量轻、易于携带，常用于测量电路和电气设备的绝缘电阻。因其标尺分度以兆欧（MΩ）为单位，因此又被称作兆欧表，图1.3.3所示为常用兆欧表的外形。

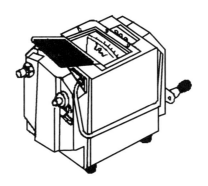

图 1.3.3　兆欧表外形

1. 兆欧表的使用方法

在测量电阻之前先要选择合适的兆欧表，主要是根据不同的电气设备选择表的电压及其测量范围。对于额定电压在500 V以下的电气设备，应选用电压等级为500 V或1 000 V的兆欧表；额定电压在500 V以上的电气设备，应选用1 000~2 500 V的兆欧表。

测试前的准备工作：① 测量前将被测设备切断电源，并短路接地放电3~5 min，特别是电容量大的设备，更应充分放电以消除残余静电荷引起的误差，保证正确的测量结果以及人身和设备的安全。② 被测物表面应擦拭干净，绝缘物表面的污染、潮湿，对绝缘的影响较大，而测量的目的是了解电气设备内部的绝缘性能，一般都要求测量前用干净的布或棉纱擦净被测物，否则达不到检查的目的。③ 注意兆欧表在使用前应平稳放置在远离大电流导体和有外磁场的地方。④ 测量前对兆欧表本身进行检查。开路检查，两根线不要绞在一起，将发电机摇到额定转速，指针指在"∞"位置。短路检查，将表笔短接，缓慢转动发电机手柄，看指针是否到"0"位置。若零位或无穷大达不到，说明摇表自身有问题，必须进行检修。

兆欧表的测量：一般摇表上有3个接线柱，"L"表示"线"或"火线"接线柱、"E"表示"地"接线柱、"G"表示屏蔽接线柱。一般情况下使用"L"和"E"接线柱，用有足够绝缘强度的单相绝缘线将"L"和"E"分别接到被测物导体部分和被测物的外壳或其他导体部分（如测相间绝缘）。摇动发电机使转速达到额定转速（120 r/min）并保持稳定。一般以1 min以后的读数为准，当被测物电容量较大时，应延长时间，以指针稳定不变时为准。在兆欧表没停止转动和被测物没有放电以前，不能用手触及被测物和进行拆线工作，必须先将被测物对地短路放电，然后再停止兆欧表的转动，防止电容放电损坏兆欧表。测量电动机的绝缘电阻时，"E"端接电动机的外壳，"L"端接电动机的绕组。

用兆欧表测量电力线路或照明线路的绝缘电阻时，"L"接被测线路，"E"接地线。测量电缆的绝缘电阻时，为使测量结果精确，消除线芯绝缘层表面漏电所引起的测量误差，还应将"G"接到电缆的绝缘层上。

2．兆欧表使用注意事项及维护

（1）禁止在雷电时或高压设备附近测绝缘电阻，只能在设备不带电，也没有感应电的情况下测量。测量过程中，被测设备上不能有人工作。

（2）兆欧表使用时必须平放。兆欧表转速 120 r/min。

（3）使用前进行自查。① 开路试验：不接测量体，兆欧表转数达到 120 r/min，指针应在"∞"处。② 短路试验：表笔短接，慢慢地转动兆欧表，指针应在"0"处。

（4）兆欧表接线不能绞在一起，要分开。兆欧表未停止转动之前或被测设备未放电之前，严禁用手触及接线柱和表笔。拆线时，不要触及引线的金属部分。

（5）电动机的绕组间、相与相、相与外壳的绝缘电阻应不小于 0.5 MΩ，移动电动工具不小于 2 MΩ。测量线路绝缘时，相与相不小于 0.38 MΩ，相与零不小于 0.22 MΩ。

（6）测量结束时，对于大电容设备要放电。

（7）定期校验兆欧表的准确度。

本课题主要介绍了常用工仪表万用表和兆欧表的使用方法和注意事项，通过实践了解它们的使用场合，学会合理运用，并学会正确的测量。了解电工仪表的工作原理，会合理地选用不同的仪表。

1．什么叫"机械调零"？什么叫"欧姆调零"？

2．写出使用万用表测量电阻的步骤。

3．使用万用表测量电阻时应注意哪些事项？

4．简述使用兆欧表测量线路绝缘电阻的方法。

课题四　常用低压电器

凡是根据外界特定的信号和要求自动或手动接通与断开电路，断续或连续改变电路参数，实现对电路或非电对象的切换、控制、保护、检测和调节的电工器械统称为电器。低压电器是指工作在交流 1 200 V 或直流 1 500 V 及以下的电路中，起通断、保护控制、调节或转换作用的电器。

低压电器按照用途可分为控制电器、主令电器、保护电器、配电电器和执行电器。控制电器是用于各种控制电路和控制系统的电器，如接触器、继电器、起动器等；主令电器主要用于自动控制系统中发送控制指令的电器，如按钮开关、行程开关、主令开关等；保护电器是用于保护电路及用电设备的电器，如熔断器、热继电器、避雷器等；配电电器是用于电能的输送和分配的电器，如低压断路器、隔离器、刀开关等；执行电器是用于完成某种动作或传动功能的电器，如电磁铁、电磁离合器等。本课题主要介绍几种常用的低压电器。

一、熔断器

熔断器（fuse）是指当电流超过规定值时，以本身产生的热量使熔体熔断，从而断开电路的一种电器。熔断器经常串接在所保护的电路中作为电路及用电设备短路保护的器件。熔断器作为短路和过电流的保护器广泛应用于高低压配电系统和控制系统以及用电设备中，是应用最普遍的保护器件之一。

熔断器根据电流热效应的原理制成，结构简单，使用方便，广泛用于电力系统、各种电工设备和家用电器中。其主要由熔体（俗称保险丝）和熔座（或熔管）两部分组成，其中熔体是控制熔断特性的关键元件，按形状分为丝状和带状两种。熔体的材料、尺寸和形状决定其熔断特性，它是由一种低熔点的金属丝或金属薄片组成，平常与被保护电路串联，当电路正常工作时，熔体相当于导体，允许通过一定大小的电流而不熔断。当电路发生短路时，熔体中流过很大的短路电流，金属丝（或薄片）就会因过热而熔断，从而切断电路，达到保护其他电路的目的。熔座是装熔体的外壳，由陶瓷、绝缘钢纸或玻璃纤维制成，起固定熔体的作用，同时在熔体熔断时还可以灭弧。

螺旋式熔断器，如图 1.4.1 所示，常用产品有 RL1 系列，主要用于有振动的场所，如在机床中做短路保护。熔断器的电路符号见图 1.4.2。

螺旋式熔断器的熔管内装有熔体、石英砂填料和熔断指示器（一般涂有红色点）。当熔体熔断时，指示器跳出，可透过瓷帽的玻璃窗口进行观察。石英砂导热性能好，能大量吸收熔断时产生的电弧能量，提高熔断器的分断能力。

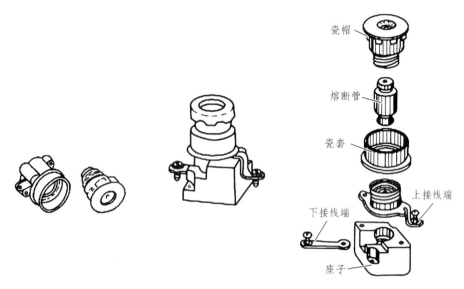

瓷帽

熔断管

瓷套

下接线端

上接线端

座子

图 1.4.1　螺旋式熔断器

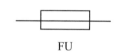

FU

图 1.4.2　熔断器电路符号

1. 熔断器选用的注意事项

（1）熔断器的保护特性应与被保护对象的过载特性相适应。考虑到可能出现的短路电流，应选用相应分断能力的熔断器。

（2）熔断器额定电压要适应线路电压，应大于或等于线路的工作电压。

（3）熔断器额定电流必须大于或等于熔体的额定电流。

（4）线路中各级熔断器熔体额定电流要相互配合，保持上一级熔体额定电流必须大于下一级熔体额定电流。

（5）熔断器要按要求使用相配合的熔体，不允许随意加大熔体或用其他导体代替熔体。

2. 熔断器使用和维护的注意事项

（1）熔断器使用前先检查熔断器和熔体的额定值与被保护设备是否匹配。

（2）熔体熔断时，要认真分析熔断的原因：短路故障或过载运行而熔断；使用时间过久，熔体因受氧化或运行中温度高使熔体特性变化而误断。

（3）拆换熔体时，必须断开电源，绝对不允许在负荷未断开时带电换熔体。要求做到：安装新熔体前，找出熔体熔断原因，未确定熔断原因，不要拆换熔体试送；更换新熔体时，要检查熔体的额定值是否与被保护设备相匹配；检查熔断管内部烧蚀情况，如有严重烧蚀，应同时更换熔管。瓷熔管损坏时，不允许用其他材质管代替。填料式熔断器更换熔体时，要注意填充填料。

（4）注意检查在 TN 接地系统中的 N 线。设备的接地保护线上，不允许使用熔断器。

（5）螺旋式熔断器下接线板的接线端应装在上方与电源相连；连接金属螺纹壳体的接线端应装在下方，并与负载相连。

二、刀开关

刀开关又称闸刀开关或隔离开关，它是手控电器中最简单且使用又较广泛的一种低压电器，主要用于配电设备中隔离电源和在低压电路中偶尔接通和分断电路。

刀开关由操作机构、动触头（闸刀）、静触头（刀夹座）、灭弧装置和绝缘底板组成。按刀的极数可分为单极刀开关、双极刀开关和三极刀开关；按照转换方式可分为单投式刀开关、双投式刀开关；按操作方式可分为手柄直接操作式刀开关和杠杆式刀开关。图 1.4.3 所示是常用的瓷底胶盖闸刀开关结构及电路符号。

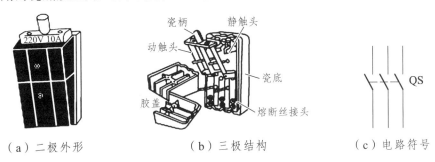

（a）二极外形　　　　　（b）三极结构　　　　　（c）电路符号

图 1.4.3　瓷底胶盖闸刀开关

刀开关的使用和维护注意事项：

（1）刀开关安装时，手柄向上为合闸位置，不得倒装或平装。接线时，应将电源线接在上端，负载接在下端。

（2）刀开关在电路中要求能承受短路电流产生的电动力和热的作用。因此，刀开关在结构设计时，要确保在很大的短路电流作用下，触刀不会弹开、焊牢或烧毁。对要求分断负载电流的刀开关，装有快速刀刃或灭弧室等灭弧装置。

三、自动开关

自动开关又称自动空气断路器或自动空气开关。当电路发生严重过载、短路、失压等故障时，能自动切断故障电路，有效地保护串接在它们后面的电气设备。它相当于刀开关、熔断器、热继电器和欠电压继电器的组合，是一种既有手动开关作用又能自动进行欠压、失压、过载和短路保护的电器。它主要用于电动机和其他用电设备的电路中，在正常情况下，它可以接通和分断工作电流，控制电动机的运行和停止。

图 1.4.4 所示是目前广泛使用的一种低压自动开关。自动开关主要由 3 个基本部分组成：① 触头和灭弧系统，用于接通和断开电路；② 各种脱扣器，用于感受电路中出现故障时各物理量的变化，并将这种变化转换为推动脱扣机构动作而切断电路；③ 操作机构和

自由脱扣机构，用于电路的接通和与各脱扣器配合切断故障电路。

自动开关能开断较大的短路电流，分断能力较强，并具有对电路过载、短路的双重保护功能；动作值可调，动作后一般不需要更换零部件，复位后即可再次使用。

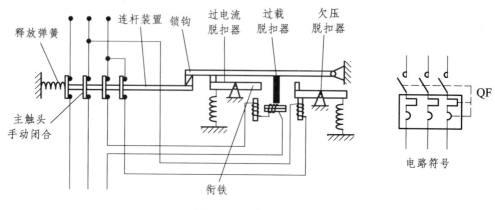

图 1.4.4　自动开关

自动开关与熔断器的相同点是都能实现短路保护。熔断器的原理是利用电流流经熔体使熔体发热，达到熔体的熔点可断开电路保护用电器和线路不被烧坏。它的工作过程是热量的一个累积，一旦熔体烧毁就需更换。自动开关可以实现线路的短路和过载保护，不过原理不一样，它是通过电流的磁效应（电磁脱扣器）实现断路保护，通过电流的热效应实现过载保护（不是熔断，一般不用更换器件）。具体到实际中，当电路中的用电负荷长时间接近于所用熔断器的负荷时，熔断器会逐渐加热，直至熔断。也就是说，熔断器的熔断是电流和时间共同作用的结果，它是一次性的。而自动开关是当电路中的电流突然加大，超过自动开关的负荷时，会自动断开。它是对电路一个瞬间加大电流的保护，如漏电很大、短路，或瞬间电流很大时的保护。当查明原因后，自动开关可以合闸继续使用。正如上面所说，熔断器的熔断是电流和时间共同作用的结果，而自动开关，只要电流一过其设定值就会跳闸，时间作用几乎可以不用考虑。

四、漏电保护开关

漏电保护开关又称漏电断路器、漏电保护器或触电保护器，用以对低压电网直接触电和间接触电进行有效保护，也可以作为三相电动机的缺相保护。它灵敏度高，动作后能有效地切断电源，保障人身安全。

根据保护器的工作原理，可分为电压型、电流型和脉冲型 3 种。电压型保护器接于变压器中性点和大地间，当发生触电时中性点偏移对地产生电压，以此来触发保护动作切断电源。但由于它是对整个配变电低压网进行保护，不能分级保护，停电范围大，动作频繁，已被淘汰。脉冲型电流保护器是当发生触电时，三相不平衡漏电流的相位、幅值产生突然变化，以此为动作信号切断电源。但该型保护器也有死区。目前应用广泛的是电流型漏电保护器。电流动作型漏电保护器由零序电流互感器、放大器和低压断路器（含脱扣器）等3部分组成。设备正常运行时，主电路三相电流相量和为零，因此零序电流互感器铁心中没有磁通，其二次侧没有输出电流。如果设备发生单相接地故障或有漏电，此时主电路中三相电流相量和不为零，在互感器铁心中形成零序磁通，其二次侧就有输出电流，经放大管放大后，通入脱扣器，使断路器跳闸，从而切断故障电路，避免人员发生触电事故。

漏电保护开关使用注意事项：

（1）漏电保护器作为直接接触防护的补充保护时（不能作为唯一的直接接触保护），应选用高灵敏度、快速动作型漏电保护器。

（2）机关、学校、企业、住宅建筑物内的插座回路，宾馆、饭店及招待所的客房内插座回路，都必须安装漏电保护器。

（3）应根据保护范围、人身设备安全和环境要求，确定漏电保护器的电源电压、工作电流、漏电电流及动作时间等参数。

五、按　钮

按钮是指利用按钮推动传动机构，使动触点和静触点接通或断开并实现电路换接的低压电器。在电气自动控制电路中，用于手动发出控制信号以控制接触器、继电器、电磁起动器等。按钮开关是一种结构简单，应用十分广泛的主令电器。

按钮开关的结构种类很多，可分为普通揿钮式、蘑菇头式、自锁式、自复位式及钥匙式等。常用的按钮开关主要由按钮帽、复位弹簧、桥式触头和外壳等组成，通常做成复合式，即具有常闭触头和常开触头，如图1.4.5所示。当按下按钮帽时，桥形动触头向下移动，使常闭触头先行断开，常开触头随后闭合；松开按钮，桥形触头在复位弹簧作用下复位，各触头恢复原始状态。

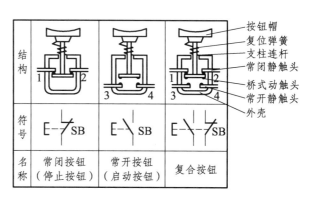

图1.4.5　按钮开关

为了标明各个按钮的作用，避免误操作，通常将按钮帽做成不同的颜色，以示区别。其中有红、绿、黑、黄、蓝、白等，一般用红色表示停止按钮，绿色表示启动按钮。如果需要控制电机正、反转启动，可分别用绿色和黑色来表示。按钮开关的主要参数、型式、安装孔尺寸、触头数量及触头的电流容量，在产品说明书中都有详细说明。

六、行程开关

行程开关又称限位开关或位置开关，是一种常用的小电流主令电器。它是利用生产机械的某些运动部件来触碰行程开关的操作机构实现接通或分断控制电路，以此达到一定的控制目的。行程开关主要用于将机械位移转变成电信号，使电动机的运行状态改变，从而限制机械运动的位置或行程，使运动机械按一定位置或行程自动停止、反向运动、变速运动或自动往返运动等。

行程开关的作用原理与按钮类似，按其结构可分为直动式、滚轮式、微动式和组合式。其主要由操作机构、触头系统和外壳组成，如图1.4.6所示。当运动机械的撞铁压到行程开关的操作机构（直动杠杆或滚轮）时，触头系统就要动作。当触头动作时，常闭触点断开，常开触点闭合，但直动式和单轮旋转式可在撞铁移开后自动复位，而双轮旋转式却不能自动复位，只有在运动机械返回，撞铁碰动另一滚轮时才能复位。

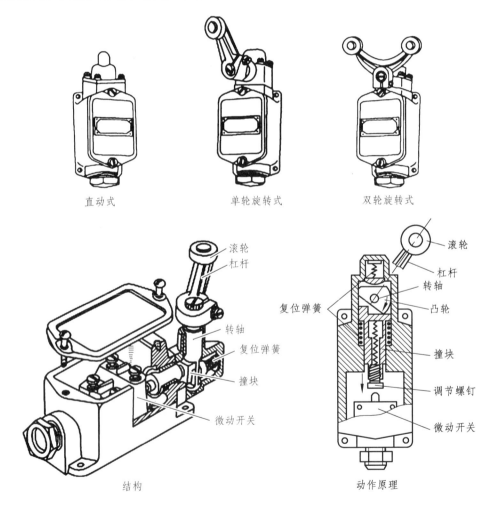

直动式　　　　　　　单轮旋转式　　　　　　　双轮旋转式

结构　　　　　　　　　　　动作原理

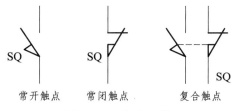

常开触点 常闭触点 复合触点

图 1.4.6 行程开关

七、接触器

接触器是维修电工实训电路中的核心电器元件，实际应用中大都是依靠它来接通或断开大电流电路。接触器按照主触头通过电流的种类不同，可分为直流接触器和交流接触器。交流接触器按负荷种类一般又分为一类、二类、三类和四类，分别记为 AC1、AC2、AC3 和 AC4。一类交流接触器对应的控制对象是无感或微感负荷，如白炽灯、电阻炉等；二类交流接触器用于绕线式异步电动机的启动和停止；三类交流接触器的典型用途是鼠笼型异步电动机的运转和运行中分断；四类交流接触器用于笼型异步电动机的启动、反接制动、反转和点动。接触器的作用主要是控制电动机运转、电热设备、电容器组等，使用中不仅能自动接通和断开电路，而且还具有低电压释放保护和便于实现远距离控制等优点。

图 1.4.7 所示为 CJX2-12 交流接触器结构示意图，主要由电磁机构（含动、静铁心和线圈）、触头系统（含 3 对常开主触头、两对常开辅助触头、一对常闭辅助触头）和灭弧装置 3 个主要部分组成。

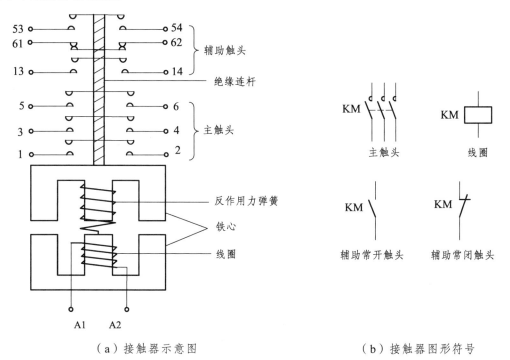

（a）接触器示意图　　　　　　　　　（b）接触器图形符号

图 1.4.7 交流接触器

如图 1.4.8 所示，工作时线圈接在控制线路中。当线圈通电后，线圈电流产生磁场，使静铁心产生电磁吸力将动铁心（衔铁）吸合，衔铁带动绝缘连杆上的动触头动作，使常闭辅助触头（又称动断辅助触头）首先断开，常开主触头（又称动合主触头）和常开辅助触头（又称动合辅助触头）随后闭合。当线圈断电时，电磁吸力消失，衔铁在反作用弹簧力的作用下释放，各对触点复位。此外，当线圈电压不足时，由于电磁吸力较小，在反作用力弹簧的作用下衔铁也会释放，各触点复位。所以，交流接触器本身也带有欠压保护的能力。

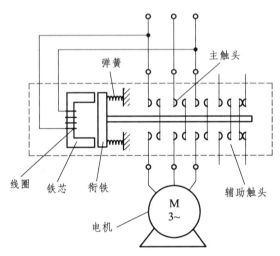

图 1.4.8　交流接触器工作原理

不同型号的接触器使用的场所也不同，接触器型号标识如图 1.4.9 所示。如一接触器型号为 CJ10Z-20/3，其中 C 表示接触器，J 表示交流，那么此接触器为交流接触器，设计序号为 10，重任务型，主触头额定电流为 20A，主触点为 3 极。我国生产的交流接触器常用的有 CJ10、CJ12、CJX1、CJ20 等系列及其派生系列产品。上述型号的交流接触器一般

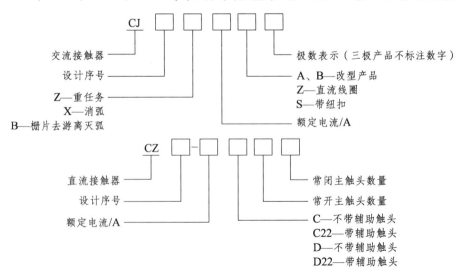

图 1.4.9　接触器型号说明

有 3 对常开主触头，常开、常闭辅助触头各两对。CJX2-12 系列交流接触器则有 3 对常开主触头，常开辅助触头两对，常闭辅助触头一对。直流接触器常用的有 CZ0 系列，分单极和双极两大类，辅助触点不超过两对。

接触器使用时主要根据实际需要进行选择。接触器主要性能指标有额定工作电压（U_e）、额定工作电流（I_e）、额定发热电流（I_{th}）和额定工作功率（P_e）等。

1. 额定工作电压（U_e）

额定工作电压指接触器主触头的额定工作电压。

2. 额定工作电流（I_e）

额定工作电流指主触头在额定电压、额定工作制和操作频率下，所允许的工作电流值，是接触器在长时间工作下的最大允许电流。持续时间不大于 8 h，且安装于敞开的控制板上，如果冷却条件较差，选用接触器时，接触器的额定电流按负荷额定电流的 110%～120% 选取。对于长时间工作的电机，由于其氧化膜没有机会得到清除，使接触电阻增大，导致触点发热超过允许温升，实际选用时，可将接触器的额定电流减小 30% 使用。若改变使用条件，接触器额定电流值也要随之改变。

3. 额定发热电流（I_{th}）

额定发热电流有的地方又叫发热电流，其实应该称为热稳定电流（额定短时耐受电流）。关于热稳定电流在高压断路器中是这样解释的：当短路电流通过高压断路器时，不仅会产生很大的电动力，而且还会产生很多的热量。短路电流所产生的热量与电流的平方成正比，而热量的散发与时间成反比。由于短路时电流很大，该电流在短时间内将产生大量的热量不能及时散发，因而高压断路器的温度将显著上升，严重时会使高压断路器的触头焊住，从而损坏高压断路器，甚至引起高压断路器爆炸。因此，高压断路器铭牌上规定了一定时间（规定标准时间为 2 s，需要大于 2 s 时可用 4 s）的热稳定电流。4 s 内，能够保证高压断路器在不损坏的条件下允许通过的短路电流值，称为 4s 热稳定电流。在铭牌上热稳定电流以额定短时耐受电流（短路电流有效值）表示。

4. 额定工作功率（P_e）

额定工作功率指在额定电压、额定电流下的功率。使用时在接触器的选择上应根据被控对象和工作参数如电压、电流、功率、频率及工作制等确定接触器的额定参数。接触器的线圈电压，一般应低一些为好，这样对接触器的绝缘要求可以降低，使用时也较安全。但为了方便和减少设备，常按实际电网电压选取。① 如电动机的操作频率不高，如压缩机、水泵、风机、空调、冲床等，接触器额定电流大于负荷额定电流即可，可选用 CJ10、CJ20 型的接触器。② 对于重任务型电机，如机床主电机、升降设备、绞盘、破碎机等，其平均操作频率超过 100 次/min，运行于启动、点动、正反向制动、反接制动等状态，可选用 CJ10Z、CJ12 型的接触器。为了保证电寿命，可将接触器降容使用。选用时，接触器额定电流大于电机额定电流。③ 对于特重任务型电机，如印刷机、镗床等，操作频率很高，可达 600～12 000 次/h，经常运行于启动、反接制动、反向等状态，接触器大致可按电寿命及启动电流选用，接触器型号选 CJ10Z、CJ12 等。④ 交流回路中的电容器投入电网或从电网中切除时，接触器的选择应考虑电容器的合闸冲击电流。一般地，接触器的额定电流可按电容器额定电流的 1.5 倍选取，型号选 CJ10、CJ20 等。⑤ 用接触器对带变压器的设备进行控制时，应考虑浪涌电流的大小。例如交流电弧焊机、电阻焊机等，一般可按变压器额定电流的 2 倍选取接触器，型号选 CJ10、CJ20 等。接触器的各项性能指标在其铭牌上均有标注，如图 1.4.10 所示。

CJX2

U_i = 690 V，I_{th} = 20 A				
U_e		230（220）	400（380）	690（660）	V AC
AC-3	I_e	12	12	8.9	A
	P_e	3	5.5	7.5	kW

图 1.4.10 接触器的铭牌

热稳定电流值 I_{th} = 20 A 是接触器的一个重要的技术参数，表示该接触器在 2 s 内可以通过的最大电流值是 20 A，而不是触点的额定工作电流是 20 A。AC-3 指交流三类负荷。该接触器当主电路的额定线电压 U_e 为 220 V 时，可控制电动机最大功率 P_e 为 3 kW；当额定线电压为 380 V 时，可控制电动机最大功率为 5.5 kW；当额定线电压为 660 V 时，可控制电动机最大功率为 7.5 kW。

八、热继电器

热继电器主要是利用电流热效应原理制成的一种低压保护电器。其结构简单、体积小、使用方便，常与接触器配合使用对三相交流电动机起断相和过载保护。由于电动机在实际运行中常会遇到过载情况，但只要过载不严重、时间不长、绕组不超过允许的温升，对电动机的危害就不大，此种过载是允许的。但是如果过载较大，持续的时间较长，使电动机的电流超过额定值，引起过热，导致绝缘损坏，就会缩短电动机的使用年限，甚至烧毁电机。熔断器在这种过载电流作用下一般不会立即熔断甚至不熔断，因而不能对电路进行保护，所以采用热继电器对长期运行的电动机进行过载保护就很有必要。

热继电器的形式有很多种，其中双金属片式热继电器应用最多。按极数来分可分为单极、两极和三极 3 种，其中三极的又分为带断相保护装置和不带断相保护装置两种。如果按复位方式来分，热继电器又分为自动复位和手动复位两种。常见的热继电器主要由热元件、双金属片和触点 3 部分组成，其结构如图 1.4.11 所示。热元件是热继电器里的关键零件，由电阻丝做成，阻值较小，工作时将它与被保护的电动机定子绕组串接。电阻丝所缠绕的双金属片是由两片线膨胀系数不同的金属片压合而成，当电动机正常运行时，热元件通过正常的电动机工作电流，其产生的热量虽能使双金属片弯曲，但还不足以使继电器触头动作；当电动机过载时，流过热元件的电流增大，热元件中通过的电流超过其额定值而过热，其产生的热量增加从而使金属片弯曲程度增大，经过一定时间，双金属片弯曲到推动传动杆，使继电器常闭触点断开。该触点串接在电动机的控制电路中，使得控制电路中的接触器的动作线圈断电，从而切断电动机的主电路。

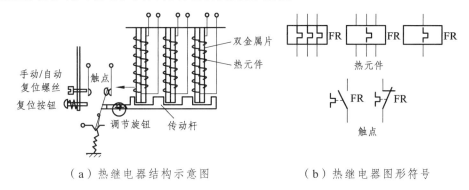

（a）热继电器结构示意图　　　　　（b）热继电器图形符号

图 1.4.11　热继电器

实际安装时，常把热继电器分成两部分，每一部分安装的位置不同。一部分是热元件，接在电动机与接触器之间；另一部分是触点，接在控制电路中，与接触器的线圈电路相串联。

在实际工作中，为了保证电动机运行的可靠性与安全性，保证电动机在断相或者过载时能够有效地得到保护，应根据电动机的工作环境、电路性能、运行情况等来合理地选择热继电器。热继电器的选择主要根据电动机的额定电流来确定热继电器的型号及热元件的额定电流等级。对星形连接的电动机可选三极型热继电器，对三角形连接的电动机应选带断相保护的热继电器。选择时主要注意热元件的额定电流和热继电器的整定电流，热元件的额定电流一般是电动机额定电流的 1.1 ~ 1.25 倍；热继电器的整定电流通常与电动机的额定电流相等或者稍大。

九、时间继电器

时间继电器也称为延时继电器，是一种利用电磁原理或机械动作原理实现触头延时接通或断开的自动控制电器。工作时从得到输入信号（线圈通电或断电）起，经过一段时间的延时才动作的继电器，常用于电路中的定时控制。其种类很多，按结构分为直流电磁式、空气阻尼式、电动式和晶体管式。按延时方式分为通电延时型和断电延时型两种。

直流电磁式时间继电器一般只用于直流电路中，工作时由于继电器吸合是瞬时完成，而释放时是延时的，所以只能作直流断电延时动作。它是在直流电磁式继电器的铁心上附加上线圈（这个线圈是由阻尼筒制成的），在工作中利用阻尼的方式来延缓磁通变化，从而达到延时的目的。断电延时时间一般小于 5 s。

空气阻尼式时间继电器（或称气囊式）是利用空气阻尼原理制成的，它由电磁系统、触头系统和延时机构组成。根据触头的延时特点分为通电延时与断电延时两种。电磁系统为直动式双 E 型；触点系统是两个微动开关，包括两对瞬时动作触点和两对延时动作触点。延时机构采用气囊式阻尼器，包括空气室和传动机构。常用的有 JS-A 系列空气阻尼式时间继电器。

图 1.4.12（a）所示是通电延时空气阻尼式时间继电器的工作原理图。通电延时的主要动作特点：线圈通电后瞬动触点立即动作，延时触点要延时一段时间才动作；线圈失电时，所有触点全部立即复位。动作过程：线圈通电，动铁心被吸下，瞬动触头立即动作（常闭触头即动断触头先动作断开，常开触头即动合触头随之动作闭合），而活塞杆在弹簧作用下向下移动，使与活塞相连的橡皮膜也向下运动。但受到进气孔进气速度的限制，这时橡皮膜上面形成空气稀薄的空间，与橡皮膜下面的空气形成压力差，对活塞的移动产生阻尼作用。空气进入气囊后，活塞才缓慢下移，带动杠杆动作，经过一段时间后，杠杆碰压微动开关，使延时触点动作（延时断开动断触点先断开，延时闭合动合触点随之闭合）。线圈断电后，动铁心在弹簧作用下复位，碰压活塞杆将活塞推向上方，气室内的空气迅速从出气孔（单向阀）中排出，所有触点全部复位。旋动调节螺钉可调节进气孔的大小，从而达到调节延时长短的目的。

图 1.4.12（b）所示是断电延时空气阻尼式时间继电器的工作原理图，其主要动作特点是：线圈通电后触点全部瞬时动作，而在线圈断电后瞬动触点立即复位，延时触点要延长一段时间才能复位。动作过程：线圈通电，下方的动铁心被吸合上移，通过推板碰压瞬动触头立即动作（动断触头先断开，动合触头随之闭合），同时推动活塞上移（此时气室上方空气从出气孔迅速排出），使延时触头也立即动作（延时闭合动断触头先断开，延时断开动合触头随之闭合），此时无延时作用。当线圈断电后，动铁心在弹簧作用下瞬时释放，通过推板使瞬动触点迅速复位，但活塞杆在弹簧和气室各部分元件作用下缓慢下移复位，经过一段时间，延时触点复位。

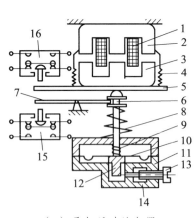 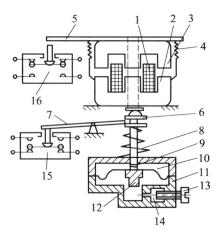

（a）通电延时继电器　　　　　　　　（b）断电延时继电器

1—线圈；2—铁心；3—衔铁；4—反力弹簧；5—推板；6—活塞杆；7—杠杆；8—塔形弹簧；9—弱弹簧；10—橡皮膜；11—空气室壁；12—活塞；13—调节螺杆；14—进气孔；15，16—微动开关。

图 1.4.12　时间继电器

空气阻尼式时间继电器延时的范围较大，主要有 0.4～60 s 和 0.4～180 s 两种，其结构比较简单，缺点是准确度比较低。

图 1.4.13 所示是时间继电器的图形和文字符号，图中每对延时触点都有两种图形符号。可以认为，每对延时触点延时后的动触头的动作方向是弧线的向心方向，这样分析

的结果是（d）（e）是通电延时触点，（f）（g）是断电延时触点，分别符合前面讲到的动作特点。

选用时间继电器时，在延时方式、延时触点和瞬动触点的数量、延时时间、线圈电压等方面应满足电路的要求。

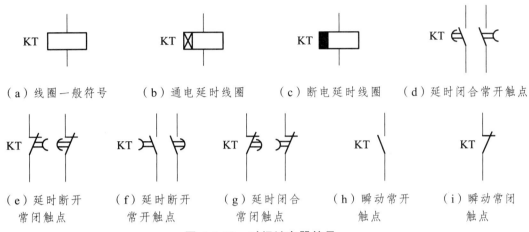

（a）线圈一般符号　　（b）通电延时线圈　　（c）断电延时线圈　　（d）延时闭合常开触点

（e）延时断开
常闭触点　　　（f）延时断开
常开触点　　　（g）延时闭合
常闭触点　　　（h）瞬动常开
触点　　　　（i）瞬动常闭
触点

图 1.4.13　时间继电器符号

十、倒顺开关

倒顺开关也称可逆转开关，它是组合开关的一种，是控制小容量三相异步电动机进行正反转运行的电器。其电路符号见图 1.4.14。

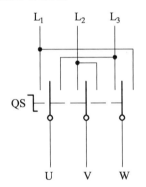

图 1.4.14　倒顺开关电路符号

倒顺开关手柄有三个位置（"0"位置、"正"转位置、"反"转位置）。当手柄在"0"位置时，电动机与电源断开；当手柄扳到"正"转位置时，电动机正向旋转；当手柄扳到"反"转位置时，电动机定子绕组与电源相序发生改变，电动机反转。

倒顺开关有 6 个接线柱（L_1、L_2、L_3、T_1、T_2、T_3），接线柱 L_1、L_2、L_3 分别接电源三根相线（火线）；接线柱 T_1、T_2、T_3 分别接电动机定子绕组三个接线端 U、V、W。

由图 1.4.15 可见倒顺开关的内部结构。当手柄在"0"位置时，所有的触点全是断开状态，电动机不得电；当手柄开关在"正"转位置时，触点 1-2、5-6、9-10 闭合，使 L_1

与 T_1 通、L_2 与 T_2 通、L_3 与 T_3 通，电动机正转；当手柄在"反"转位置时，触点 1-2、3-4、7-8 闭合，电动机定子绕组所接电源相序两相发生改变（两相序对调），电动机反转。

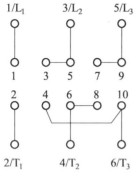

转向	连 接		
正转	1-2	5-6	9-10
反转	1-2	3-4	7-8
停止	×	×	×

（a）倒顺开关内部结构图　　　　（b）电动机转向与接线方式

图 1.4.15　倒顺开关内部结构图

　　倒顺开关一般适用于控制 4.5 kW 以下的三相鼠笼式异步电动机的正、反转电路。功率大的三相鼠笼式异步电动机的正、反转控制，不能用倒顺开关直接控制，要用接触器控制。原因是：大功率电动机启动电流和运行电流都很大，直接用倒顺开关控制电动机正、反转，会产生比较大的火花，开关触点容易粘连，对电源正常供电不利，对人身安全也不利。

　　实际使用时，电动机和倒顺开关的金属外壳必须可靠接地，且必须将接地线接到倒顺开关指定的接地螺丝上，切忌接在开关的罩壳上；倒顺开关的进出线切忌接错。接线时，应看清楚开关线端的标识，接线柱 L_1、L_2、L_3 接电源，T_1、T_2、T_3 分别接电动机定子绕组三个接线端 U、V、W。

　　常用低压电器的种类很多，分类也多种多样，其对电能的输送、分配和使用起着控制、调节、检测、转换和保护作用，在电气控制中尤为普遍。另外常用的还有固态继电器、温度继电器、微型继电器等新型继电器，这里不再一一介绍。

　　常用电器按其工作电压的高低，以交流 1 200 V、直流 1 500 V 为界，可划分为高压控制电器和低压控制电器两大类。习惯上将 3 kV 以上电路的电器统称为高压电器。低压电器是用于交流 50 Hz 或 60 Hz、额定电压在交流 1 200 V 及以下，或直流 1 500 V 及以下电路中的电器。

　　低压电器是一种能根据外界的信号和要求，手动或自动地接通、断开电路，以实现对电路或非电对象的切换、控制、保护、检测、变换和调节的元件或设备。

　　本课题主要介绍了熔断器、刀开关、自动开关、漏电保护开关、按钮、行程开关、接触器、热继电器、时间继电器、倒顺开关等常用低压电器。

　　熔断器是一种简单而有效的保护电器，在电路中主要起短路保护作用。刀开关也被称为闸刀开关和隔离开关，它是带有刀刃形状触头的开关电器，在电路中的主要作用是隔离电源，保证电路在维修时的安全，或分断负载和偶尔通断小容量的低压电路和电机等。自动开关在电路中主要起过载、短路、失压等保护作用。按钮、行程开关是分别用于手动和运动部件接通或切断控制电路电流的作用的低压电器。接触器是用来频繁接通或断开大电流的自动切换电器。热继电器在电路中主要是对电机进行过载保护的电器。时间继电器是具有延时接通或断开电路的自动控制电器。倒顺开关只是对 4.5 kW 以下的三相鼠笼式异步电动机的正、反转进行控制的低压电器。

思考与练习

　　1. 填空题

　　（1）刀开关安装时，手柄向_____为合闸位置，不得_____或者_____。接线时，应将电源线接在_____端，负载接在_____端。

　　（2）行程开关又叫作_____或者_____，是利用生产机械运动部件触碰其_____而发出控制信号的一种低压电器。

　　（3）交流接触器是一种用来_____的自动切换电器，主要用于自动_____和_____电路，而且还有_____和_____等优点。

　　（4）热继电器是利用_____来工作的保护电器，主要是对长时间运行的电动机进行_____保护。其主要由_____、_____和_____三部分组成，工作时其中的_____与被保护电动机的定子绕组串联在一起。

　　2. 简答题

　　（1）分别写出熔断器、热继电器、交流接触器、按钮、时间继电器、行程开关的文字符号和图形符号。

　　（2）在电路中，熔断器和自动开关各起什么作用？这两者工作时又有什么区别？

　　（3）交流接触器的工作原理是什么？380 V，$I_{th} = 20$ A 代表什么意思？

　　（4）按钮的作用是什么？在电路中，选用按钮颜色的标准是什么？

　　（5）按工作原理分，漏电保护开关有哪 3 种类型？

课题五 识图知识

一、电气图的概念

电气图是电气系统图的简称，是指用各种电气符号、带注释的围框、简化的外形来表示系统、设备、装置、元件等之间的相互关系和连接关系的一种简图。电气图可以阐述电路的工作原理，描述电路的构成和功能，用来指导各种电气设备、电气线路的安装接线、运行、维护和管理，是沟通电气工程技术人员的工程语言，是他们技术交流的重要手段。

电路图的用途很广，可用于详细理解电路、设备或者成套装置及其组成部分的作用原理，分析和计算电路特性，为测试和寻找故障提供信息，并作为编制接线图的依据。简单的电路图还可以直接用于接线。

1. 电气图的组成

电气图由电路、技术说明和标题栏 3 部分组成，见图 1.5.1。其中技术说明是对电路中所用元件、设备等的文字说明和元件明细列表等；标题栏一般在电气图的右下角，注明工程名称、图名、图号和设计人、制图人、审核人的签名及日期等。

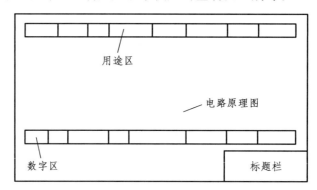

图 1.5.1　电气图图幅分区

2. 电气符号

电气图是采用统一规定的图形符号、文字符号和标准画法来进行绘制的。绘制时，电气元件的图形符号和文字符号必须符合国家标准的规定，不能采用任何非标准符号。

（1）图形、文字符号规定。

电气元件的图形符号是用来表示设备、装置、元件和某种概念的图形、标记或者字符，例如"~"表示交流等。文字符号则是用来表示电气设备、装置、元器件的名称、功能、状态和特征的字符代码。例如"FR"表示热继电器，"FU"表示熔断器等。

《电气简图用图形符号》（GB/T 4728.7—2008）规定了电气简图中图形符号的画法，该标准 2008 年 5 月 28 日发布，2009 年 1 月 1 日正式开始执行。

（2）接线端子标记。

电气图中各电器的接线端子用规定的字母数字符号标记。主电路标号由文字符号和数字组成，如三相交流电源的引入线用 L_1、L_2、L_3（相线）、N（中性线）、PE（保护接地线）标记；直流系统电源正、负极、中间线分别用 L_+（正极）、L_-（负极）与 M（中间线）标记；三相交流电动机相线端子用 U、V、W 顺序标记，零线端子用 N 标记；直流电动机用C（正极端子）、D（负极端子）、M（中间线端子）标记。表 1.5.1 列出了导线连接的表示方法。

表 1.5.1　导线表示方法

单根导线		两线交叉 （不连接）	
两线交叉 （连接）		单边连接	
3 根导线	L_1　L_2　L_3		3

在电路中，还经常用不同颜色的导线标识不同的相位。例如在三相交流系统中 L_1、L_2、L_3 分别用黄色、绿色、红色线来标识，中性线 N 用淡蓝色或者黑色标识，保护接地线 PE用黄绿双色标识；直流系统中正极 L_+、负极 L_- 分别用棕色和蓝色标识。

如表 1.5.1 所示，电气图电路可以用多线表示，也可以用单线表示。多线表示每根连接线或导线各用一条图线表示的方法。这种表示方法能详细地表达各相或各线的内容，尤其是在各相或各线内容不对称的情况下使用。单线表示的是用一条线来表示两根或者两根以上的连接线或者导线的方法，这种方法适用于三相或多线基本对称的情况。

3. 电气图的种类

电气图一般有 3 种：电气原理图、电器元件布置图、电气安装接线图。

二、电气原理图

1. 电气原理图的定义

电气原理图是用导线将电源和负载以及相关的控制元件按一定要求连接起来的闭合回路，以实现电气设备的预定功能，是按工作顺序把电路的图形符号用展开法进行绘制的。电气原理图只考虑电路、设备等的动作原理和连接关系，而不考虑电气元件实际位置及电气元件的大小。电气原理图能清晰地表示出电流流经的所有路径，用电器具与控制元件之间的相互关系，以及电气设备和控制元件的动作关系。

电气原理图中的电路分主电路和辅助电路两部分。主电路也称一次回路，是电源向负载输送电能的电路，通常包括发电机、接触器、热继电器、负载等；辅助电路也称二次回路，是对主电路进行控制、保护、监测、指示的电路，通常包括指示灯、控制开关、控制仪表等，可分为控制电路、照明电路、信号电路及保护电路。辅助电路一般通过的都是小电流。

2. 绘制电气原理图时应遵循的原则

在熟悉各电器元件的图形符号和作用以后，就可以按电路的要求绘制电气原理图。图1.5.2 所示为 CW6132 型普通车床电气原理图。

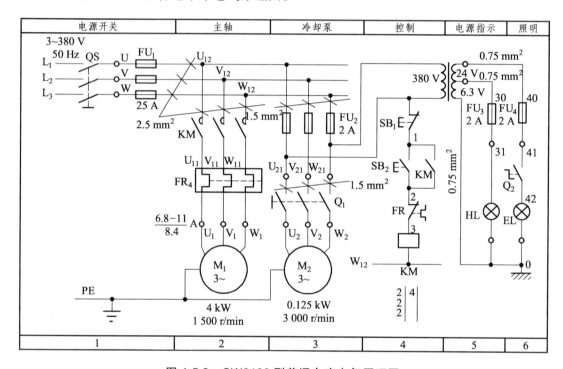

图 1.5.2　CW6132 型普通车床电气原理图

绘制电气原理图的原则如下。

（1）原理图一般分主电路和辅助电路两部分：主电路就是从电源到电动机大电流通过的路径，用粗线条画在电路的左边。辅助电路包括控制电路、照明电路、信号电路及保护电路等，由继电器和接触器的线圈、继电器的触点、接触器的辅助触点、按钮、照明灯、信号灯、控制变压器等电器元件组成，用细线条画在电路的右边。原理图上的主电路、控制电路和信号电路等应分开绘制。

（2）控制系统内的全部电机、电器和其他器械的带电部件，都应在原理图中表示出来。原理图中各电器元件不画实际的外形图，而采用国家规定的统一标准图形符号，所用文字符号也要符合国家标准规定。

（3）图中所有电器触头都应该按没有外力作用和没有通电时的原始状态画出。

（4）供电的电源电路绘成水平线，其余用电设备及控制、保护、指示电路应垂直电源电路绘出。

（5）控制、信号和指示电路应垂直地绘在两条或几条水平电源线之间，耗能元件（如线圈、信号灯等）应直接接在接地的水平电源线上，而控制触点应接在另一电源线上。

（6）各电气元件一般应按动作顺序从上到下、从左到右依次排列并尽量避免线条交叉，有些不能避免的交叉，注意交叉线的绘制方法。

3. 识图的基本要求

（1）结合电工原理识图。

电工图的设计离不开电工的基本原理，要看懂电路图的结构、动作程序和基本工作原理，必须首先掌握电工原理的有关知识才能运用这些知识分析电路。如欲实现鼠笼式异步电动机的正反转控制，只需改变电动机三相电源的相序。体现在电路中就是通过两个接触器进行换接来改变三相电源的相序从而控制电动机正转和反转。

（2）结合电气元件的结构、工作原理识图。

电路图中必然包括相关的电气元件，如各种继电器、接触器、控制开关等，必须首先懂得这些元件的基本结构、性能、动作原理、元件间的相互制约关系及其在整个电路中的地位和作用等，才能识图并理解电路图。

（3）结合典型电路识图。

典型电路是构成电路图的基本电路，如电动机启动、正反转控制、制动电路、继电保护电路、自锁、联锁电路、时间和行程控制等。熟悉各种典型电路，在看图时能很快抓住主要矛盾分清主次环节，而且不易搞错并节省时间。

（4）结合电路图的绘制特点识图。

电路图的绘制是有规律的，如主辅电路在图纸上的位置有明确规定，在垂直方向绘制图纸时是以下向上，在水平方向是从左到右。

4. 电路图识读的基本步骤

读电气原理图时首先要分清主电路和辅助电路，交流电路和直流电路；其次是看主电路和辅助电路的顺序。

读电气原理图的一般方法：先读主电路。读主电路时自下而上看，即从电气设备开始，经控制元件，顺次往电源看。再读辅助电路。读辅助电路时自上而下看，从左向右看，即先读电源，再顺次看各条回路。最后分析各条回路元件的工作情况及对主电路的控制关系。

三、电器元件布置图

电器元件布置图主要用来表明电气设备上所有电器实际装配位置，是根据电器元件相互控制关系绘制的，为机械电气控制设备的制造、安装、维修提供必要的资料。

电器元件布置图可以根据实际电路和电器元件的复杂程度集中或分别绘制。绘制时需要考虑实际元器件的尺寸大小但不需要标注尺寸，各电器代号应与有关图纸和电器清单上所有的元器件代号相同。图 1.5.3 所示为某电路元器件布置图，所有元器件位置均直接标注在图中，为以后电路连接和检测、维修做好准备工作。

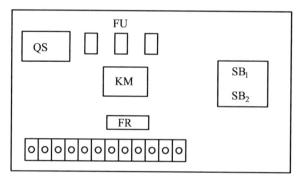

图 1.5.3 元器件布置图

四、电气安装接线图

电气控制线路的安装接线图是为给电气元件进行配线、检修电器服务的，图中可显示出电气设备中各元件的空间位置和接线情况。连接图有 3 种描述方法：多线表示法、单线表示法和混合表示法。

1. 绘制接线图

（1）在接线图中，各电器的相对位置与实际安装的相对位置一致。

（2）所有电器元件及其接线座的标注应与电气控制电路图中标注一致，采用同样的文字符号及线号。

（3）接线图与电气原理图不同，接线图应将同一电器元件中的多个带电部分，如线圈、触头等画在一起，并用细实线框入。

（4）图中一律用细线条绘制，并应清楚地表示出各电器元件的接线关系和接线去向。

2. 读安装接线图

读安装接线图要对照电气原理图，同样先读主电路，再读辅助电路。读主电路时，从电源引入端开始，顺次经控制元件到用电设备；读辅助电路时，要从电源的一端顺着电流流经路径到电源的另一端，按元件的顺序对每个回路进行分析研究。

五、配线的步骤和方法

1. 配线步骤

（1）大约量出两接线端子间的用线长度，用斜口钳将线剪下。

（2）将导线捋直。

（3）将写好的线号套在导线两端。

（4）按所接电器元件标识的位置及高度对导线成型。

（5）预留做线环、线头的长度，多余部分剪去并用剥线钳剥去导线绝缘层。

（6）用尖嘴钳做线环。

（7）将导线两头紧固在相应的接线桩上。

2. 配线要求

所配线路需做到正确、合理、整齐、美观。

（1）不同电路应采用不同颜色导线标志。

交流动力电路（主电路）：黑色；

交流控制电路：红色；

直流控制电路：蓝色；

保护导线：黄绿双色。

（2）所有导线从一个端子至另一个端子的走线必须是连续的且中间不许有接头。

（3）线路敷设整齐、布线合理、尽量避免交叉、不跨接和架空，做到横平竖直，90°拐角。

（4）导线压接紧固、规范，不损伤导线绝缘及线芯，不允许压接处松动，线芯裸露过长压绝缘层等。

（5）编码套管齐全，在遇到 6 和 9 这类上下颠倒后仍能读数的号码时，必须做记号加以区别，以免造成线号混淆。

六、布线的工艺要求

（1）实训导线可采用 2.5 mm^2 单股聚氯乙烯绝缘电缆电线。

（2）电路主电路用黑色导线连接，辅助电路用红色导线连接。

（3）导线与接线桩连接处导线端的加工按照以下工艺要求：

① 熔断器接线桩上导线端需做环形处理。

② 按钮盒内导线端做"U"形处理，以加大导线与接线桩的牢靠度。

③ 交流接触器、热继电器、端子排上接线导线端采用直插式。

布线时严禁损伤线芯，导线线端成型后与接线桩用螺丝连接在一起。注意连接后裸线不要露出过长，一般不要超过 2 mm。

（4）组合开关、熔断器的受电端子应安装在控制板的外侧，并使熔断器的受电端为底座的中心端。

（5）各元件的安装位置应齐整、匀称、间距合理，便于元件的更换。紧固各元件时要用力均匀，紧固程度适当。在紧固熔断器等易碎元件时，应用手按住元件一边轻轻摇动，一边用旋具轮换旋紧对角线上的螺钉，直到手摇不动后再适当旋紧即可。

（6）导线与接线桩连接要紧固，螺丝一定要旋紧。注意不要让螺丝压住导线绝缘层，引起断路故障。

（7）导线需根据元器件摆放位置和接线桩位置进行成型，导线成型时应准确量取尺寸。

布线工艺要求不得出现斜拉线，所以布线时经常会出现导线做直角处理。导线在做直角处理时，先用尖嘴钳钳住导线需做直角成型处，然后用另一只手的大拇指用力按压导线呈直角。

（8）布线应横平竖直，分布均匀。注意保持布线整体的美观。同一平面的导线应高低一致，不要出现斜拉线、架空线；尽量不要出现交叉线，有些交叉线不可避免时，该根导线应在接线端子引出时，就水平架空跨越，但必须走线合理。

（9）相邻导线尽量并在一起，并用扎线扎紧，加大导线的紧固性。

（10）在每根剥去绝缘层的导线两端要套上编码套管。所有从一个接线端子（或接线桩）到另一个接线端子（或接线桩）的导线必须中间无接头。

（11）同一元件、同一回路的不同接点的导线间距离应保持一致。

（12）一个电器元件的接线端子上的导线连接不得多于两根，端子排上的连接导线一般只允许连接一根。

七、通电运行注意事项

1. 通电前必须进行线路检查

安装完毕的控制线路，必须经过认真检查后，方能通电试车，以防错接、漏接造成不能实现控制功能或短路事故。检查的内容有：

（1）按电气原理图或电气接线图从电源端开始，逐段核对接线及接线端子处线号。重点检查主回路有无漏接、错接及控制回路中容易接错之处；检查导线压接是否牢固、接触是否良好，以免带负载运转时产生电弧现象。

（2）用万用表检查线路的通断情况。可先断开控制回路，用欧姆挡检查主回路有无短路现象，然后断开主回路再检查控制回路有无开路或短路现象，自锁、联锁装置的动作及可靠性。

（3）用 500 V 兆欧表检查线路的绝缘值，不应小于 1 MΩ。

2. 通电试运行时要按照规程操作，注意安全

为保证人身安全，通电运行时应认真执行安全操作规程的有关规定，一人监护，一人操作。试运行前应检查与通电运转有关的电气设备是否有不安全因素存在，查出后立即整改。通电运行的顺序：

（1）空载试运行。通三相电源，合上电源开关，用试电笔检查熔断器出线端，确认电源接通。按动操作按钮，观察接触器动作情况是否正常，是否符合线路功能要求；观察电器元件动作是否灵活，有无卡阻及噪声过大等现象，有无异味。检查负载接线端子三相电源是否正常。经反复几次操作，均正常后方可进行带负载试运行。

（2）带负载试运行。带负载试运行时，应先接上检查完好的电动机连线后，再接三相电源线，检查接线无误后，合闸送电，按控制原理启动电动机。当电动机平稳运行时，用钳形电流表测量三相电流是否平衡。通电试运行完毕，停转、断开电源。先拆除三相电源，再拆除电动机线，完成通电试运行。

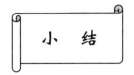

小 结

电气图是电气系统图的简称，是指用各种电气符号、带注释的围框、简化的外形来表示系统、设备、装置、元件等之间的相互动作关系和连接关系的一种简图。

电路图的用途很广，可用于详细地理解电路、设备或者成套装置及其组成部分的作用原理，分析和计算电路特性，为测试和寻找故障提供信息，并作为编制接线图的依据。电气图一般有3种：电气原理图、电器元件布置图、电气安装接线图。

电气原理图是用导线将电源和负载以及相关的控制元件按一定要求连接起来的闭合回路，以实现电气设备的预定功能，是按工作顺序把电路的图形符号用展开法进行绘制。电气元件布置图主要用来表明电气设备上所有电器的实际位置。电气安装接线图是为安装电气设备和电器元件进行配线，并为检修电器提供指导和帮助。

正确识读电气原理图、电器元件布置图和电气安装接线图是电工操作人员必须具备的基本功。在学会正确识读电路图的基础上，还要学会如何合理地进行配线，以保证电路的正确性、美观性、安全性和规范性。

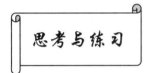

思考与练习

1. 填空题

（1）电气图一般有_____、_____和_____3种。

（2）电气原理图主要分为_____、_____两部分。

（3）读电气原理图先读_____，再读_____。读主电路时，自____而____看，即从_____开始经控制元件,顺次往_____看;读辅助电路时，自____而____看，从_____向_____看，即先读_____，再顺次看_____。

（4）读安装接线图要对照电气原理图，同样先读_____，再读_____。读主电路时，从_____引入端开始，顺次经控制元件到_____;读辅助电路时，要从电源的_____到电源的另一端，并按元件的顺序对每个回路进行分析研究。

2. 简答题

（1）识图的基本要求是什么？

（2）配线的要求是什么？

（3）布线的工艺要求主要有哪些？

课题六　交流异步电动机的基础知识

电动机是根据电磁感应原理，把电能转换为机械能，输出机械转矩的原动机。电动机分为直流电动机和交流电动机，交流电动机根据结构不同又分为同步电动机和异步电动机，其中异步电动机具有结构简单、坚固耐用、工作可靠、价格低廉、使用和维护方便等特点。在所有类型的电动机中，最常用的为单相、三相异步电动机，如工厂中的机床、工地上搅拌机、乡村里的潜水泵、粉碎机和家庭用的电风扇、电冰箱、洗衣机等，几乎全都采用异步电动机拖动。本课题主要介绍三相异步电动机。

一、三相异步电动机的结构

三相异步电动机主要由定子（固定部分）和转子（旋转部分）两部分组成，定子与转子之间有一个很小的气隙，如图 1.6.1 所示。定子相当于变压器的一次侧，转子相当于变压器的二次侧，它是利用电磁感应原理将电能转化为机械能的。

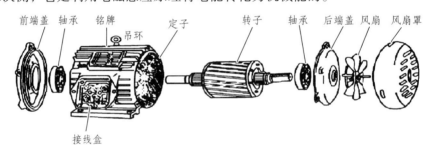

前端盖　轴承　铭牌　　定子　　　　转子　　轴承　后端盖　风扇　风扇罩
　　　　　　　吊环

接线盒

图 1.6.1　三相异步电动机结构示意图

1. 定子的结构

三相异步电动机的定子是由机座、定子铁心、定子绕组和两个端盖组成，如图 1.6.1 所示。

（1）机座和端盖。机座和端盖是电动机的支架，起着支撑整个电动机的作用。机座里面是一个圆柱形的空间，用来安装定子铁心、定子绕组以及整个转子，如图 1.6.2 所示。中小型电动机一般采用铸铁机座，大中型电动机采用钢板焊接机座，小机座也可用铝合金压铸而成。电动机损耗产生的热量主要通过机座散发，为了增大散热面积，机座外部有很多均匀分布的散热筋。

（2）定子铁心。定子铁心是电机磁路的一部分，一般用 0.35 ~ 0.5 mm 厚的硅钢片叠压而成，硅钢片表面涂有绝缘漆，用以降低交变磁通在铁心中产生的涡流损耗。定子铁心内圆上开有槽，槽内放置定子绕组，整个定子铁心固定在机座的内膛里，如图 1.6.3 所示。

图 1.6.2　异步电动机的机座

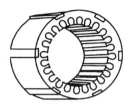

（a）定子铁心

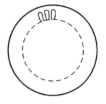

（b）定子冲片

图 1.6.3　定子铁心及冲片示意图

（3）定子绕组。定子绕组是异步电动机的电路部分，由漆包线绕成，它们分成互相独立的 3 个部分。工作时通入三相电流，三相绕组按一定规律对称地嵌放在定子铁心的槽内，称为三相对称绕组。同时伸出 6 根出线头（每相一头一尾）连到机座接线盒中接线板的 6 个接线柱上，首端分别用 U_1，V_1，W_1 表示，尾端对应用 U_2，V_2，W_2 表示。三相对称绕组可以接成星形（Y）或三角形（△），如图 1.6.4 所示，然后根据现场使用情况与三相电源相接。

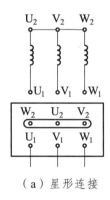

（a）星形连接

（b）三角形连接

图 1.6.4　定子绕组的连接方式

2. 转子的结构

转子由转子铁心、转子绕组和转轴三部分组成。

转子铁心也是电动机磁路的一部分，是用 0.35 ~ 0.5 mm 厚的硅钢片叠压而成。小型电动机的转子铁心直接固定在转轴上，较大一些电动机的转子铁心与转轴之间还套有转子支架。

转子绕组分为笼型和绕线型两种。三相异步电动机的转子绕组是用来感应电动势及产生感生电流的，同时与旋转磁场作用产生转矩，是电动机的重要部件。

（1）笼型转子绕组。笼型转子铁心的每一个槽内都有一根裸导条，在伸出铁心两端的槽口处，用两个端环把所有导条连接起来。如果去掉铁心，整个绕组的外形就像一个"鼠笼"，如图 1.6.5 所示。导条与端环可以用熔化的铝液一次浇铸成型，也可用铜条插入转子槽内，再在两端焊上铜端环。铸造时，一般同时在两个端环上铸出许多风叶片，在转子转动时起散热作用。为了改善电动机的启动性能，笼式转子还采用斜槽结构，即转子的槽不与轴线平行而是斜扭一个角度。

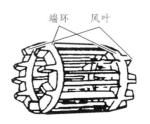

（a）铜条绕组　　　　　　　　（b）铸铝绕组

图 1.6.5　鼠笼式转子绕组

（2）线绕型转子绕组。线绕型转子绕组和定子相似，是用绝缘导线嵌在槽内，连接成对称的星形三相绕组。3 根引出线的首端分别接到轴上的 3 个彼此绝缘的集电环，再通过电刷、集电环间的滑动与外电路相连，如图 1.6.6 所示，以此改善异步电动机的启动性能或调节电动机的转速。

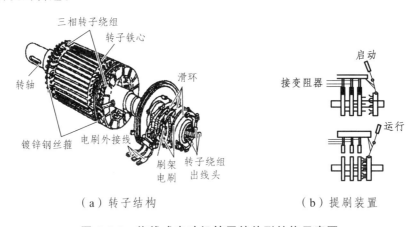

（a）转子结构　　　　　　　　（b）提刷装置

图 1.6.6　绕线式电动机转子的外形结构示意图

定、转子之间由滚动轴承和前后端盖支撑以形成均匀的气隙。为保证轴承的润滑，轴承内加有润滑脂，并用轴承内、外盖将轴承与外界隔开。为提高散热效率，在转轴的一端安有风叶。

二、三相异步电动机工作原理

为什么三相异步电动机接上电源就会转动呢？下面我们先做一个实验。

如图 1.6.7 所示，用手摇动手柄使磁铁转动，磁铁转动形成旋转的磁场，转子随着磁铁而转动。

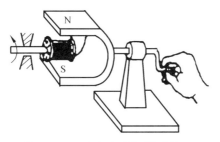

图 1.6.7　异步电动机转动演示

将三相定子绕组对称地分布在定子铁心槽中即三相绕组的始端（或末端），在空间的位置必须相隔 120°，然后在对称的三相绕组中通入对称的三相交流电，从而在定子内腔中就会产生一个旋转磁场，其转速 n_1、定子电流频率 f 及磁极对数 p 之间的关系是 $n_1 = 60f/p$（n_1 又称为同步转速），旋转磁场的磁力线则通过定子和转子铁心构成闭合回路。图 1.6.8 所示为一台具有最简单的三相绕组两极电动机的定子和转子示意图。若旋转磁场按顺时针方向旋转，由于转子笼条与旋转磁场间存在着相对运动，转子笼条切割此旋转磁场产生感应电动势，感应电动势的方向可用右手定则判定，上半部笼条的感应电动势方向由里向外，下半部笼条的感应电动势方向由外向里。由于转子笼条是被端环短路的，在感应电动势的作用下，笼条中产生与感应电动势方向一致的感应电流，这些载有电流的笼条，在旋转磁场中又会受到电磁力作用，其方向由左手定则确定。这些作用于转子笼条上的电磁力在转子的轴上形成电磁转矩，使转子顺着旋转磁场的方向转动起来。但转子的速度 n 永远小于旋转磁场的转速 n_1，如果转子的转速 n 等于 n_1，则转子绕组与旋转磁场之间就不存在相对运动，转子绕组不切割磁力线，也就不存在感应电动势、感应电流和电磁转矩。因此，转子总是紧跟着旋转磁场，以小于同步转速 n_1 的转速旋转，这就是异步电动机名称的由来。又因为异步电动机的转子绕组与定子绕组没有直接的电的联系，而是靠旋转磁场的电磁感应作用来产生机械功率，所以又称为感应电动机。

图 1.6.8　三相鼠笼式异步电动机的定子和转子

三、三相异步电动机的铭牌

在三相异步电动机的接线盒上方，散热片之间有一块长方形铝牌（或铜牌）即铭牌。如表 1.6.1 所示，铭牌上标出了该电动机的型号、规格和有关技术数据，在使用和修理电机时，铭牌内容则是依据。

表 1.6.1　电动机铭牌

```
三相异步电动机
型号    Y132S1-2           标准编号    JB/T1009—1991
功率    5.5 kW    电压 380 V    电流 11.1 A
转速    2 900 r/min    频率 50 Hz    接法△    B级绝缘
工作制 S1    噪声限值 92 dB（A）    外壳防护 IP44
重量    66 kg    编号××××××
                              ××××电机厂制造
```

1. 型号 Y132S1-2

电动机的型号是表明电动机的名称、规格和基本技术条件的产品代号，一般由大写的汉语拼音字母和阿拉伯数字组成，具体含义如图 1.6.9 所示。

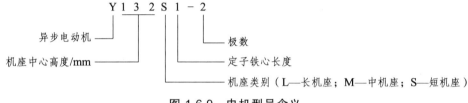

图 1.6.9　电机型号含义

2. 标准编号 JB/T 1009—1991

标准编号表示本电机所执行的技术标准（JB 表示原机械工业部标准），该项属于旧的机械工业部标准，现已被新的 JB/T 10391—2008 标准取代。

3. 额定值

异步电动机按额定值运行时称为额定运行状态。异步电动机有如下几个额定值：

（1）功率 5.5 kW。本电动机额定功率是 5.5 kW，是指电动机轴上输出的机械功率，它是电动机工作能力的重要标志。本电动机当负载略小于或等于 5.5 kW 时，它能正常工作。

（2）电压 380 V。本电动机的额定电压为三相交流 380 V 电源供电，是指电动机在额定运行状态下加在定子绕组上的线电压。

（3）电流 11.1 A。本电动机的额定电流是 11.1 A，指电动机在定子绕组加额定电压、额定功率和额定负载下定子绕组中的线电流为 11.1 A。电动机电流大小随负载大小而变，运行时应注意电动机的电流不超过额定电流值，否则会使绕组过热，甚至烧毁。

（4）转速 2 900 r/min。额定转速是指电动机在额定功率下工作时，每分钟的转数为 2 900 转。

（5）频率 50 Hz。指电动机所使用交流电源的频率。我国电力系统已统一规定为 50Hz，或称 50 周波。

4. 接法△

电动机定子绕组的常用接法为三角形（△）和星形（Y）两种。△称为三角形接法，Y 称为星形接法。Y 系列电动机按照技术条件规定，3 kW 及以下的电动机为星形接法，4 kW

以上的电动机为三角形接法。两种接线方法额定电压均为 380 V。定子绕组的某种接法总是和电动机的额定电压相适应的，不能随意改变。如果任意改变接法，将会造成不良后果。

5. B 级绝缘

电动机的绝缘等级是指绕组所用的绝缘材料的耐热等级。绝缘材料按其耐热程度可分为 A，E，B，F 等级，其中 A 级允许绕组温升最低，是 60 ℃；F 级允许绕组温升是 100 ℃。它们的最高允许工作温度是：A 级 105 ℃，E 级 120 ℃，B 级 130 ℃，F 级 155 ℃。

6. 工作制 S1

工作制是对电动机各种负载，包括空载、停机和断电及其持续时间和先后次序情况的说明。按照连续的、短时的和周期的，共分为 9 类工作制，即连续工作制 S1、短时工作制 S2、断续周期工作制 S3 等。

7. 噪声限值 92 dB（A）

噪声指标是 Y 系列电动机一项新增加的考核项目。由于设计时采取了一系列相应措施，使得 Y 系列电动机的噪声和振动有明显的降低。

8. 外壳防护 IP44

Y 系列电动机有防护等级的规定。一般用途的 Y 系列电动机防护等级为 IP44，类似原封闭式电动机。IP 是防护等级的标志符号，后面的第一位数字"4"表示能防止厚度大于 1 mm 的工具、金属线或类似的物体触及壳内带电或转动部分；第二位数字"4"表示任何方向对电机溅水，应无有害影响。

三相异步电动机是将电能转换成机械能的装置，主要由定子（固定部分）和转子（旋转部分）两部分组成。其工作原理是：① 定子的三相对称绕组中通入三相对称电流产生旋转磁场；② 转子导体切割旋转磁场感应出电动势和电流；③ 转子载流导体在磁场中受到电磁力的作用，从而形成电磁转矩，驱使电动机转子转动。

1. 鼠笼式异步电动机按结构可分为哪两大部分？
2. 电动机定子绕组的常用接法有哪两种？
3. 分别画出电动机定子绕组星形（Y）和三角形（△）的连接。
4. 如何改变电机的转动方向？

第二部分　实作训练

【内容提要】

本单元共设 13 个实训项目，在了解常用低压电器和识图知识的基础上掌握分析实际电路工作原理、绘制电路安装接线图的方法，学会按照工艺要求进行电路连接、检测及故障排除。

实训一　认识常用低压电器

一、实训目的

（1）正确识别常用低压电器元件，熟悉它们的基本结构、工作原理，了解各低压电器的组成部分及作用。

（2）练习几种常用低压电器的检测，并会判断其好坏。

（3）进一步掌握指针式万用表的使用方法。

二、工具器材

（1）MF47 指针式万用表：1 块。

（2）螺旋式熔断器：1 个。

（3）按钮开关：1 个。

（4）交流接触器：1 个。

（5）热继电器：1 个。

三、实训内容

1. 熔断器的识别及检测

（1）熔断器的识别。熟悉熔断器的基本结构，了解各组成部分的作用，掌握熔断器的装配方法。

（2）熔断器的检测。指针式万用表选用欧姆"×100"挡（调零），检测两接线端子间电阻几乎为零。

（3）常见故障。万用表检测熔断器两接线端子间断路（电阻为无穷大）。

（4）故障分析。熔断管中金属丝熔断，或熔断器未安装好。

2. 按钮开关的识别及检测

（1）按钮开关的识别。了解按钮开关的基本结构，学会分辨常开触头和常闭触头。当手指按下按钮钮帽时，常闭触头断开，常开触头闭合；手指松开后由于复位弹簧的作用，常开触头和常闭触头恢复原状态。

（2）按钮开关的检测。指针式万用表选用欧姆"×100"挡（调零）。常开触点检测时，用万用表两表笔分别触碰常开触点两接线柱，电阻为∞，当按下钮帽时，电阻为 0 Ω；常闭触点检测时，用万用表两表笔分别触碰常闭触点两接线柱，电阻为0 Ω，当按下钮帽时，电阻为∞。

（3）常见故障。检测按钮开关常开触头时，当按下钮帽常开触头无法正常闭合。

（4）故障分析。触头松动，接触不良，接线柱与触头连接处断开。

3. 交流接触器的识别及检测

（1）交流接触器的识别。了解交流接触器的结构，学会分辨主触头、常开辅助触头、常闭辅助触头、线圈的位置。了解交流接触器线圈电压的数值。

（2）交流接触器的检测。指针式万用表选用欧姆"×100"挡（调零），检查线圈电阻（接触器型号不同，其阻值不同）；检测三组主触头及辅助常开触头，按下上铁心，前后电阻应从∞变化至 0 Ω；检测常闭触头，按下上铁心，前后电阻应从 0 Ω变化至∞。

（3）常见故障。检测常开触头时，按下铁心，前后常开触头接线柱两端电阻无变化。

（4）故障分析。按压铁心力度过小，触头没有接触上，加大按压力度再检测一次，如还未闭合，再检查触头接线柱是否松动或者脱落。

4. 热继电器的识别及检测

（1）热继电器的识别。认识热继电器的热元件接线柱及常闭、常开触头位置，了解热继电器的工作原理。

（2）热继电器的检测。指针式万用表选用欧姆"×100"挡（调零），检查热元件是否为导通状态（电阻为 0 Ω），检测常闭触头是否闭合（电阻为 0 Ω），常开触头是否断开（电阻为∞）。

（3）常见故障。检测热继电器常闭触头时，常闭触头两接线柱之间电阻为∞。

（4）故障分析。按下热继电器复位按钮，若复位后常闭触点仍不闭合，说明热继电器已坏。

5. 判别电动机绕组的组别

对于无标识的电动机绕组可以采用万用表测量绕线电阻的方法来判定，具体方法是：用万用表欧姆挡（指针式用"×1"挡位，数字表用"200"挡）测量，测得有电阻的两端为同一相绕组的两个出线端，在该绕组两个出线端做好标记，再测量另外两相并分别标注。

6. 判别电动机绕组的首尾端

电动机引出端一般通过标记就可以得出首尾端，但对于无引出端标记的电动机，则必须先判别其首尾端才能接线，否则会因接错绕组而损坏电动机。判别电动机首尾端最常用的是剩磁法。

首先用万用表判别出电动机绕组的组别，分出三相绕组，共 6 个接线端。然后将三相绕组的三个假设的首端接在一起，三个假设的尾端接在一起。将万用表置于毫安挡位，并将其串接在这两个连接点之间，如图 2.1.1 所示。接好仪表后，用手转动电动机转子，仔细观察万用表指针情况，如表针来回摆动，表明假设的首尾端有错误，可调换其中任意一相的两个接线端，再转动。如果表针不动或只有极微弱的抖动，表明假设正确，否则，将已对调的绕组复原后，再对调另一相绕组的两个接线端，再转动电动机转子并观察万用表指针转动情况，直到表针不摆动为止。

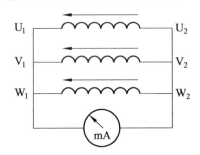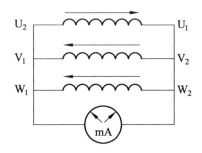

（a）表针不摆动假设的首尾端正确　　　　（b）表针摆动假设的首尾端不正确

图 2.1.1　电动机首尾端的判别

7. 三相笼型异步电动机绝缘电阻的测量

电动机的绝缘比较容易损坏，当电动机的绝缘不良时，将会造成严重后果，如烧毁绕组、电动机机壳带电等。所以经过修理或尚未使用的新电动机，在使用之前都要进行绝缘测试，以保证电动机的运行安全。

定子绕组绝缘电阻测量步骤：

（1）正确选择兆欧表。兆欧表与电动机的连线不能用双股线，必须用单股线分开单独连接，以免引起误差。

（2）测量前先将兆欧表进行一次开路和短路试验，检查兆欧表是否正常。

（3）测量前三相交流电动机必须切断电源。先打开电机的接线盒，里面有 6 个接线柱。三相电机分三角形和星形两种接法，拆开连接铜片时要记住是哪种接法，然后用万用表电阻挡"1 k"挡在接线柱上找出 3 个线组，一般是上下斜对角的。

（4）分别测量 A、B、C 相对壳。A、B、C 两两之间共 6 次的绝缘电阻均≥0.5 MΩ为合格，如果有某个绝缘电阻低于 0.5 MΩ 为不合格。

四、拓展训练

1. 训练目的

了解常用低压电器的结构及检测方法。

2. 工具器材

将所需工具器材填入表 2.1.1 中。

表 2.1.1　器材清单

序　号	名　　称	数　　量
1		
2		
3		
4		
5		

3. 训练内容及记录

（1）练习用万用表测量电阻的方法。

（2）使用万用表分别对螺旋式熔断器、按钮开关、交流接触器、热继电器等常用低压电器进行检测。注意检测方法及步骤，并按要求完成表 2.1.2 ～ 表 2.1.5。

表 2.1.2　熔断器检测记录表

电路符号	
文字符号	
测量电阻值/Ω	
质　量	

表 2.1.3　按钮开关检测记录表

电路符号		文字符号		质　量
测量电阻值/Ω	触头类型	动作前	动作后	
	常开触头			
	常闭触头			

表 2.1.4 交流接触器检测记录表

型　号			容　量	
触头数量/组				
主触头		辅助触头		
常开触头		常闭触头		
电磁线圈				
工作电压/V		直流电阻/Ω		
触头电阻/Ω				
常开触头			常闭触头	
触头标识	动作前/Ω	动作后/Ω	触头标识	动作前/Ω	动作后/Ω

表 2.1.5 热继电器检测记录表

型　号		
类　型		
热元件电阻值/Ω		
L_1 相	L_2 相	L_3 相

实训二　交流接触器拆装

一、实训目的

（1）熟悉交流接触器的基本结构，了解交流接触器各组成部分的作用，掌握交流接触器的工作原理。

（2）掌握交流接触器的拆卸、组装方法。

（3）掌握修复损坏的交流接触器的方法。

二、工具器材

（1）尖嘴钳：1把。

（2）十字口螺丝刀：1把。

（3）镊子：1把。

（4）MF47指针式万用表：1块。

（5）交流接触器：1个。

三、实训内容及记录

1．实训内容

要求把一个交流接触器拆开，观察其内部结构。

（1）拆卸。要求方法正确，按顺序拆卸，不要损坏和丢失元器件。

（2）检测修理。学会修理交流接触器，对于损坏或者老化的零部件会进行替换。

（3）装配。按照拆卸的反步骤对交流接触器进行装配，注意不要丢失和漏装零部件。

（4）检测。对装配好的接触器用万用表检测其质量好坏，检查其是否能正常使用。

（5）实训记录。按要求记录相应数据。

2．拆　卸

交流接触器的拆卸操作要点：

（1）取下交流接触器上端辅助触头。压下与交流接触器相连的紧固弹簧，向上端移动辅助触头即可取下。

（2）用螺丝刀卸下盖板上的两个紧固螺钉。在松盖板螺钉时，要用手按住盖板，松去螺钉后再慢慢放松。卸下接触器盖板，取下反作用力弹簧。

（3）卸下所有静触点螺丝。用尖嘴钳钳下所有静触头。在取静触头时手指应向上顶着动铁心（衔铁），取下所有静触头后动铁心（衔铁）和动触头即可取下。

（4）分离铁心（衔铁）和动触头。握紧动触头的绝缘连杆，向平行动铁心（衔铁）与绝缘连杆接触处的方向水平移动，即可卸下动触头和固定绝缘连杆的紧固簧片。

（5）取下线圈。线圈下为静铁心，向上垂直拿出，完成接触器的拆卸。

注意：拆卸时零部件用容器盛装，以防丢失。拆卸过程中不能硬撬，以免损坏零部件。

3. 检查修理

检查是否有落入接触器内的导线线头，并清理干净。用干净布蘸上少许汽油擦净动、静铁心端上的污垢，检查动、静端面是否平整，如不平整可用锉刀修平。检查反作用力弹簧和动触头弹簧是否疲劳变形或弹力不够，不能使用时应更换。检查动、静触点有无烧伤痕迹，如有，应用油光锉修平，烧伤严重的应更换新触点。

4. 装　配

按照拆卸过程的逆序进行装配，装配后应检查各活动部位是否灵活，有无卡堵现象。

5. 万用表检测

万用表选用欧姆"×100"挡，调零后进行检测，检查线圈电阻、三组主触头及辅助常开、常闭触头。

6. 实训记录

拆卸一个交流接触器，观察结构，将拆卸步骤、主要零部件的名称及作用填入表 2.2.1。

表 2.2.1

拆卸步骤	主要零部件	
	名　称	作　用

实训三　接触器布线练习

一、实训目的

熟悉交流接触器的结构，练习接触器的布线方法。

二、工具器材

（1）尖嘴钳：1 把。
（2）十字口螺丝刀：1 把。
（3）MF47 指针式万用表：1 块。
（4）交流接触器：1 个。
（5）编码套管、扎线：若干。

三、实训内容

（1）按照图 2.3.1 所示连接接触器电路，合理布线。
（2）在连接好的导线上套上编码套管，并且按要求做好标识。
（3）注意两接触器之间跨接线的布线工艺，不得出现斜拉线和架空线。
（4）布线完成后，用万用表检测电路连接情况。

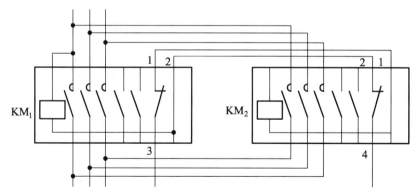

图 2.3.1　接触器布线练习图

实训四　按钮盒连接

一、实训目的

（1）熟悉按钮开关的基本结构，了解按钮开关的作用，掌握其工作原理。
（2）练习按钮开关的连接方法。
（3）掌握按钮开关的检测方法。

二、工具器材

（1）尖嘴钳：1把。
（2）十字口螺丝刀：1把。
（3）按钮盒（3位）：2个。
（4）按钮开关：6组（按钮开关规格：一常开一常闭，自动复位，红、绿、黑各两组）。
（5）MF47指针式万用表：1块。
（6）编码套管：若干。
（7）扎线：2根。

三、实训内容及记录

（1）将6组按钮开关按颜色分为两大组，每组红、绿、黑各一组。把分好组的按钮开关分别装入两个按钮盒内，装配时注意按钮颜色自上而下分别为红色、绿色、黑色，摆放时按照"上开下闭"或"左开右闭"的原则。

（2）按图2.4.1所示连接按钮开关，并按要求出线。

（3）从按钮盒引出的导线要并齐并用扎线扎在一起，导线上下两端按工艺要求套上编码套管，做好标注连接到端子排上。

（4）连接布线注意事项：

① 按钮开关均为成对连接，连接完后先目测接线柱是否连接错误。

② 连接导线应套上编码套管，并做好相应线号标注。

③ 按钮盒接好后所有导线均合并为一束出线，并按布线工艺要求与端子排相连。

④ 所有导线与端子排连接完毕后，将万用表调至欧姆"×100"挡，调零后按照接线图对常开、常闭触头进行检测（注意测试端子排一侧的点）。常开触点：两端电阻为无穷，当按下按钮后电阻变为0；常闭触点：两端电阻为0，当按下按钮后电阻变为无穷。

（5）将检测结果填入表2.4.1中。

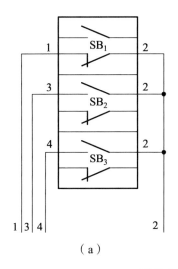 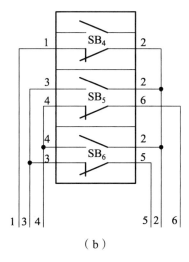

（a） （b）

图 2.4.1 按钮盒安装接线图

表 2.4.1 按钮盒测试结果记录表

按钮盒（a）

测试端	触点类型 （常开/常闭）	动作按钮	测试电阻值/Ω	
			动作前	动作后

按钮盒（b）

测试端	触点类型 （常开/常闭）	动作按钮	测试电阻值/Ω	
			动作前	动作后

实训五　三相负载的连接

一、所需电器元件

本实训所需电器元件见表 2.5.1。

表 2.5.1　所需电器元件明细

代号	名　称	型　号	规　格	数　量	备　注
QF	低压断路器	DZ108-20/10F	脱扣器整定电流 0.63～1 A	1	
SB	按钮开关	LAY16	一常开一常闭自动复位	1	
KM	接触器	CJX2-12	线圈 AC 380 V，50/60 Hz	1	
	白炽灯			4	
FU	熔断器	RL1-15	配熔体 3 A	3	
XT	接线端子排	JF5	AC 660 V，25 A	6	

二、检测元件

1. 准备万用表

将万用表置于电阻挡（如"×100"挡），欧姆调零。

2. 检查接触器

（1）接触器线圈的检查。将红黑两表笔接在线圈的两个端子处，检查其直流电阻的大小（该阻值一般为 kΩ 级）。

（2）接触器主触头的检查。将两个表笔分别接触一对主触头，压下接触器，万用表的指针应从无穷大指向零。另两对触头的检查方法相同。

（3）接触器常闭辅助触头的检查。将两个表笔分别接触常闭辅助触头，指针应为零。当压下接触器时，指针应从零指向无穷大。

（4）接触器常开辅助触头的检查。将两个表笔分别接触常开辅助触头，指针应为无穷大。当压下接触器时，指针应从无穷大指向零。

3. 检查熔断器

具体方法见"实训一"。

三、电气原理图

三相负载的连接电气原理如图 2.5.1 所示。

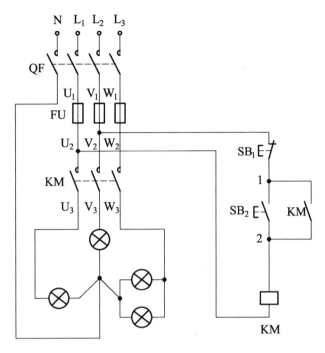

图 2.5.1　三相负载连接电气原理图

四、线路工作原理

接通断路器 QF，按下 SB_2 按钮，KM 线圈得电吸合，其主触点闭合，灯泡得电发光；而 KM 的常开自锁辅助触点接通，保证在按钮 SB_2 松开后，KM 线圈保持吸合状态。

按下 SB_1 按钮，KM 线圈失电，其主触点断开，灯泡断电灭。

接触器的自锁控制

交流接触器通过吸合自身的常开辅助触头使线圈总是处于得电状态的现象叫作自锁，这个常开辅助触头就叫作自锁触头。

在接触器线圈得电后，利用自身的常开辅助触点保持回路的接通状态，一般对象是对自身回路的控制。在实际电路中常把常开辅助触点与启动按钮并联，这样，当启动按钮按下，接触器动作，辅助触点闭合，进行状态保持，此时再松开启动按钮，接触器也不会失电断开。一般来说，在启动按钮和辅助触点并联之外，还要再串联一个按钮，起停止作用。按钮开关中作启动用的选择常开触点，作停止用的选择常闭触点。

如果电路需要满足点动要求，就不用再连接自锁常开触头了。

五、电气安装接线图

电气安装接线见图 2.5.2，连接线路的要求如下：

布线要横平竖直，无压绝缘层现象，每个螺钉最多压两个线头，且无反圈及露铜现象。接线遵循从上至下、从左到右、先串后并的原则。

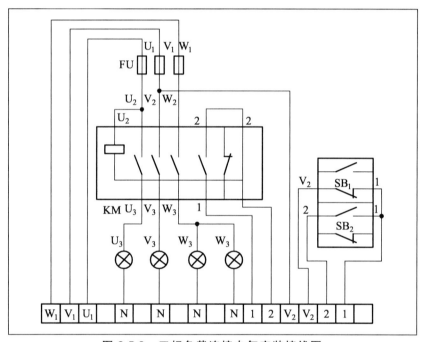

图 2.5.2　三相负载连接电气安装接线图

1. 线电压测量

选好万用表电压量程（量程必须大于 380 V），用表笔（探针）分别测量两根火线 U_1 与 V_1 相、V_1 与 W_1 相、W_1 与 U_1 相，并将读数填入表 2.5.2 中。

2. 相电压测量

选好万用表电压量程（量程必须大于 220 V），用表笔（探针）分别测量火线与零线电压，并将数据填入表 2.5.2 中。

表 2.5.2　电压测量表

线电压	U-V	V-W	W-U
测量值/V			
相电压	U-N	V-N	W-N
测量值/V			

3. 什么叫自锁？自锁触头连接时有什么特点？

4. 试分析在三相负载线路中，若不接入接触器的常开辅助触头，那么电路运行时会出现什么现象？

实训六 两地控制电动机运转

一、所需电器元件

本实训所需电器元件见表 2.6.1。

表 2.6.1 所需电器元件明细

代号	名 称	型 号	规 格	数量	备 注
QF	低压断路器	DZ108-20/10F	脱扣器整定电流 0.63～1 A	1	
FU	螺旋式熔断器	RL1-15	配熔体 3 A	3	练习时可省去不接
			配熔体 2 A	2	
KM	接触器	CJX2-12	线圈 AC 380 V，50/60 Hz	1	
FR	热继电器	NR2-25	整定电流 0.63～1 A	1	
SB$_1$ SB$_2$ SB$_3$ SB$_4$	按钮开关	LAY16	一常开一常闭 自动复位	4	SB$_1$ 红 SB$_2$ 红 SB$_3$ 绿 SB$_4$ 绿
M	三相鼠笼式异步电动机		U_N 380 V（Y），I_N 0.53 A，P_N 160 W	1	
XT	接线端子排	JF5	AC 660 V，25 A	6	

二、电气原理图

两地控制电机运转电气原理如图 2.6.1 所示。

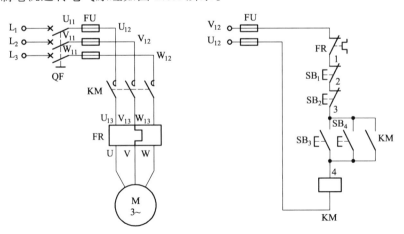

图 2.6.1 两地控制电动机运转电气原理图

三、电路工作原理

合上电源开关 QF，电动机启动控制：

——▶ 电动机持续运转

电动机停止控制：

——▶ 电动机停转

四、电气安装接线图

本实训电气安装接线见图 2.6.2。

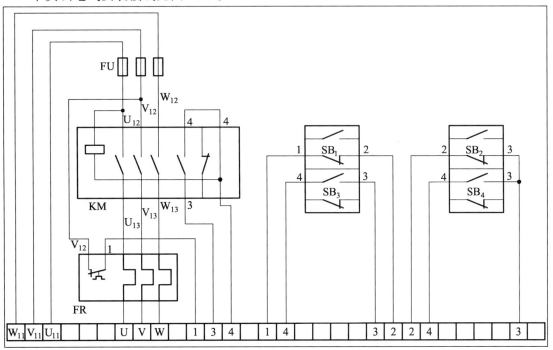

图 2.6.2　两地控制电动机运转电气安装接线图

电路故障检测与分析方法

当电路连接不正确时，电路运行就会出现故障，严重时甚至会引发安全事故。这个时候就需要我们对所连接的电路进行检测，以确保电路运行安全。那么，如何快速地查找电路故障呢？实际电路在运行时，有的故障通过其表象很容易被发现，如熔断器熔体熔断，电动机温度急剧上升，严重的发生冒烟、设备和电路烧焦，甚至产生火花等。这类故障除了更换损坏的熔断器、设备和线路外还需分析产生故障的原因，在排除故障后方可再次通电运行。还有的故障是没有表象的，如电路连接不当，电路接触不良不能按要求运行，元器件失灵等。这类故障也需要仔细查找故障原因，一般需借助各类测量仪表和工具才能找出故障点。下面介绍几种常用的检测方法，方便对电路进行故障排查。

1. 目测法

目测法主要是通过观察，即通过"看、听、摸、闻"这四种方法来准确判断故障部位，进而分析产生故障的主要原因，并确定故障点。

看：对照电路安装接线图，检查连接完成的电路，仔细观察接线点是否与安装接线图上一致，编码套管标记是否正确；接线桩连接处是否紧密；紧固螺丝有无松动；轻拉导线，观察导线连接是否牢靠，保险是否正常。

听：用耳朵听电器元件和电动机的声音是否正常，从而寻找故障点。如接触器吸合困难，发出"嗒嗒"的声响，造成此故障的可能原因有：接线柱螺丝松动；导线线头落入接触器内，卡在铁心之间；电源电压过低，接触器欠压保护。如电动机发出"嗡嗡"的声响，电机转轴不旋转，或者转轴会旋转，但是转速明显减慢，则此故障的主要原因为电动机缺相。

摸：用人体皮肤感受异步电动机、导线及继电器线圈等的温度。当温升过大时，应切断电源对电路和电器元件进行检测；当检测按钮开关是否能按要求控制电路时，可以按照要求按下相应按钮开关，观察电路运行情况；当检测行程开关是否能正常工作时，可以用手模拟挡铁去拨一下限位开关，如果电路能按照要求动作，说明行程开关一切正常。

闻：是否有烧焦的味道，绝缘封皮是否损坏。

由于大多数电路都是长时间运行，在试运行前及试运行时，为确保人身和设备的安全，需对电路进行检测，及时发现并排除故障。在摸靠近传动装置的电器元件和容易发生触电事故的故障部位前，必须先切断电源。

2. 分析法

每个电路一般都是由多个电器元件按照一定的要求连接而成的。电路中任何一个元件或者任一个电路连接点出现问题，都会导致电路出现故障。因此在电路连接之初就应该对所使用的电器元件进行检测，对已损坏的电器元件进行修复或者替换。由于不同的故障原因可能出现相似的故障现象，而同一个故障原因在不同的情况下也有可能表现出不同的故障现象，因此，要迅速准确地排查故障就必须了解整个电路的工作原理。分析法就是在对整个电路工作原理相当熟悉的基础上，从故障现象出发，按电路工作原理逐级分析，划出故障的可能范围，再配合其他方法找出故障发生的准确位置。

3. 电阻测量法

电阻测量法是在电路断电情况下，利用万用表的电阻挡检测电路，看电路中是否有短路或断路的现象。图 2.6.3 和图 2.6.4 是本节两地控制电动机运转电气原理图中的控制电路部分，电路若没有按照要求运行，出现故障，则可以运用电阻测量法进行检测。检测时先断开电源，再将控制电路从主电路中断开，量出接触器线圈的阻值并记录下来。

（1）电阻分阶测量法。

先测量两个熔断器是否正常，要求熔体无熔断；然后分别按下 SB_3、SB_4 和 KM，测出 V_{12}—U_{12} 间电阻，正常应为接触器线圈电阻值。若为零，说明连接电路故障，接触器线圈短路；若为无穷大，说明电路有断路。

分析出大体故障后还需要找到具体故障点，这时需逐级分阶测量 1—2、1—3、1—4、1—5、1—6 各电器触头两点间的电阻值。如图 2.6.3 所示控制电路，采用电阻分阶测量法的具体步骤如下：

① 1—2，正常电阻值应为零，若为无穷，说明导线连接点有断路现象或者热继电器出现故障；

② 1—3，正常电阻值应为零，按下 SB_1 应变为无穷；

③ 1—4，正常电阻值应为零，按下 SB_2 应变为无穷；

④ 1—5，正常电阻值应为无穷，分别按下 SB_3、SB_4 及 KM 应变为零；

⑤ 1—6，正常电阻值应为无穷，分别按下 SB_3、SB_4 及 KM 应变为交流接触器线圈电阻值。

由于这种测量方法像上台阶一样，所以称为分阶测量法。

分阶测量法也可以采用从下到上的方式，如分别测量 5—6、4—6、3—6、2—6、1—6 间的电阻值。

（2）电阻分段测量法。

如图 2.6.4 所示控制电路出现故障，可采用分段法把电路分成一段一段的进行测量：

① 1—2，正常电阻值应为零；

② 2—3，正常电阻值应为零，按下 SB_1 应变为无穷；

③ 3—4，正常电阻值应为零，按下 SB_2 应变为无穷；

④ 4—5，正常电阻值应为无穷，分别按下 SB_3、SB_4 及 KM 应变为零；

⑤ 5—6，应为交流接触器线圈电阻值。

电阻分阶测量法和分段测量法是用万用表检测电路故障最常用的方法。使用该方法测量电路故障时，必须先熟悉电路工作原理，根据原理查找故障点。此外，采用电阻测量的方法检测故障点时，需先切断电源，这样可以保证不会发生触电事故，也是最安全的检测方法之一。

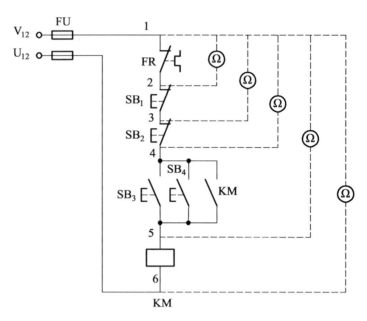

图 2.6.3　电阻分阶测量法

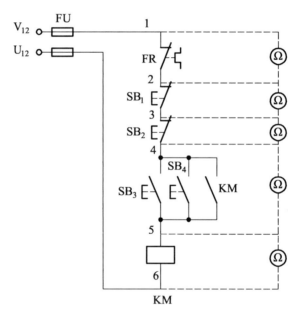

图 2.6.4　电阻分段测量法

总之，电气控制线路的故障原因和故障现象各有不同，检修时一定要理论联系实际，灵活运用以上方法，及时总结经验和做好检修记录，提高故障的排查能力。

思考与练习

1. 在图 2.6.1 中，如按下按钮 SB_3 或 SB_4 后松开，电动机启动后停机是什么原因？

2. 在图 2.6.1 中，如按下按钮 SB_3 或 SB_4 后，电动机发出"嗡嗡"的响声是什么原因？此时若不及时切断电源会发生什么后果？

3. 在电路中，熔断器和热继电器都是保护元件，其保护性质有什么不同？

4. 应用电阻测量法时要注意哪些问题？

实训七　接触器联锁的电动机正反转电路

一、所需电器元件

本实训所需电器元件见表 2.7.1。

表 2.7.1　所需电器元件明细

代号	名　称	型　号	规　格	数量	备　注
QF	低压断路器	DZ108-20/10F	脱扣器整定电流 0.63～1 A	1	
FU	螺旋式熔断器	RL1-15	配熔体 3 A	3	练习时 可省去不接
			配熔体 2 A	2	
KM$_1$ KM$_2$	交流接触器	CJX2-12	线圈 AC 380 V，50/60 Hz	2	
FR	热继电器	NR2-25	整定电流 0.63～1 A	1	
SB$_1$ SB$_2$ SB$_3$	按钮开关	LAY16	一常开一常闭 自动复位	3	SB$_1$ 红 SB$_2$ 绿 SB$_3$ 黑
XT	接线端子排	JF5	AC 660 V，25 A	6	
M	三相鼠笼式 异步电动机		U_N 380V（Y），I_N 0.53 A， P_N 160 W	1	

二、电气原理图

接触器联锁的电动机正反转电气原理如图 2.7.1 所示。

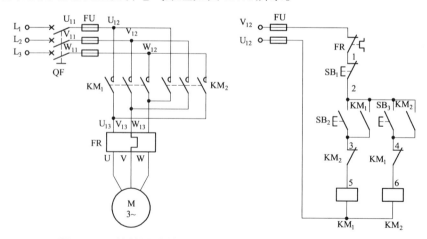

图 2.7.1　接触器联锁三相异步电动机正反转电气原理图

070

三、电路工作原理

接触器联锁控制电路是"正转←→停止←→反转"控制电路，假设 KM₁ 为正转控制接触器，KM₂ 为反转控制接触器，则电路的工作原理为：

合上电源开关 QF，正转控制：

反转控制：

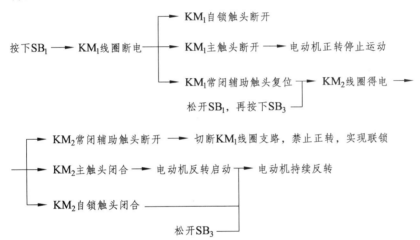

电路中的联锁环节——电气联锁

电路中的联锁环节（又称互锁环节）实质是辅助电路中控制元件之间的相互制约环节。实现电路联锁有两种基本方法：一种是机械联锁，另一种是电气联锁。

接触器联锁的控制电路属于电气联锁。在该电路中，电气联锁环节是通过 KM₁ 线圈上面串的 KM₂ 常闭触点和 KM₂ 线圈上面串的 KM₁ 常闭触点实现的。当 KM₁ 得电动作时，KM₁ 的常闭触点断开，使 KM₂ 不能得电；同理，KM₂ 得电动作时，KM₂ 的常闭触点断开，使 KM₁ 不能得电。也就是说，两个接触器不可能同时得电动作。这就是电气联锁的作用，也是设置电气联锁的目的。

四、电气安装接线图

本实训电气安装接线见图 2.7.2。

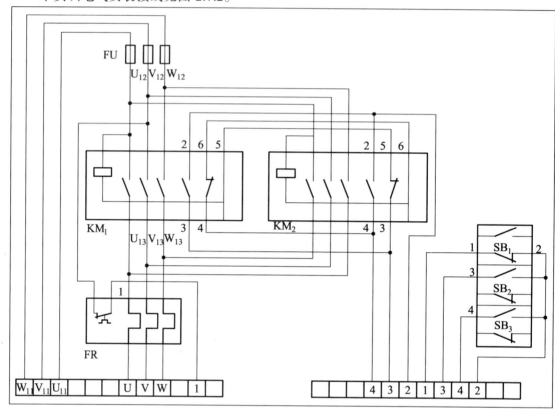

图 2.7.2　接触器联锁的三相异步电动机正反转电气安装接线图

五、电路检测

1. 目　测

具体检测方法参照实训 6 "知识链接"内容。

2. 万用表检测法

万用表检测法常用的有电阻检测法和电压检测法。这里我们主要介绍电阻测量法中的电阻分段检测法，其余检测方法可以根据检测原理，自己总结出检测步骤，此处不再赘述。

电阻分段检测法需要在断开电源的情况下，用万用表的欧姆挡（指针表宜用欧姆"×100"挡，数字表宜用"2 k"的挡位）来进行测量。测量的结果如和电路中的电阻不同，需分析出现该测量结果可能的故障点，并逐一排除。

下面介绍一下指针式万用表检测电路的方法。（注意：测量前指针式万用表需旋转至欧姆"×100"挡，调零后进行测量。）

（1）主电路的检测。

① 分别测量 U_{11}—U_{12}，V_{11}—V_{12}，W_{11}—W_{12}，电阻值应为 0，指针偏角最大。

② 分别测量 U_{12}—U_{13}，V_{12}—V_{13}，W_{12}—W_{13}，压下接触器 KM_1，电阻值应从无穷大指向零。

③ 分别测量 U_{12}—W_{13}，V_{12}—V_{13}，W_{12}—U_{13}，压下接触器 KM_2，电阻值应从无穷大指向零。

④ 分别测量 U_{13}—U，V_{13}—V，W_{13}—W，电阻值应为 0。

（2）控制电路的检测。

① 测量 V_{12}—1 之间电阻值应为 0。

② 测量 1—2 之间电阻值应为 0，按下按钮 SB_1，电阻值变为 ∞。

③ 测量 2—3 之间电阻值应为 ∞，按下按钮 SB_2 或接触器 KM_1，电阻值变为 0。

④ 测量 3—5 之间电阻值为 0，压下接触器 KM_2，电阻值变为 ∞。

⑤ 测量 5—U_{12} 之间电阻值应为 KM_1 线圈阻值。

⑥ 测量 2—4 之间电阻值应为 ∞，按下按钮 SB_3 或接触器 KM_2，电阻值变为 0。

⑦ 测量 4—6 之间电阻值就为 0，压下接触器 KM_1，电阻值变为 ∞。

⑧ 测量 6—U_{12} 之间电阻值应为 KM_2 线圈阻值。

采用电阻法测量电路正确后，并不能确保电路连接完全正确，还必须通电试车，如电动机能正常运转，才能得出电路连接正确的结论。例如电路中 3、4 两点短路，若只凭借上述电阻检测步骤，并不能检测出故障。

六、常见故障分析及排除方法

常见故障分析及排除方法如表 2.7.2 所示。

表 2.7.2　常见故障分析及排除方法

故　障	原因分析	排除方法
按下 SB_2，电动机不转	QF 未合闸	合上 QF
	FR 未复位	恢复复位
	FU 断路	检查断路并接通
	SB_2 按钮接触不良	排除或更换
	KM_1 线圈断路或主触头卡滞不吸合	排除或更换
按下 SB_3，电动机不能反转	QF、FR、FU、SB_3 检查同上	检　查
	KM_2 线圈断路或主触头卡滞不吸合	排除或更换
按下 SB_2 或 SB_3，FU 烧坏	KM_1、KM_2 线圈或其他部位短路	排除短路故障点或者更换

1. 电路中的短路保护是由_____完成的，过载保护是由_____完成的。

2. 如果接触器的联锁触点_____，则将会造成主电路中两相电源短路故障。

3. 接线时，如果将正、反转接触器的自锁触点进行互换，则电动机只能进行_____。

4. 什么叫联锁？控制电路有哪几种联锁方式？接触器联锁属于哪种联锁方式？

5. 接线时，如果将正、反转接触器的联锁触点进行互换，则会出现什么现象？

6. 教师在控制电路中设置一处故障，要求学生用正确的排障方法查找故障。

7. 教师在主电路中设置一处故障，要求学生用正确的排障方法查找故障。

实训八　按钮联锁的三相异步电动机正反转电路

一、所需电器元件

本实训所需电器元件见表 2.8.1。

表 2.8.1　所需电器元件明细

代号	名　　称	型　　号	规　　格	数量	备　　注
QF	低压断路器	DZ108-20/10F	脱扣器整定电流 0.63～1A	1	
FU	螺旋式熔断器	RL1-15	配熔体 3 A	3	
			配熔体 2 A	2	练习时可省去不接
KM$_1$ KM$_2$	交流接触器	CJX2-12	线圈 AC 380 V，50/60 Hz	2	
FR	热继电器	NR2-25	整定电流 0.63～1 A	1	
SB$_1$ SB$_2$ SB$_3$	按钮开关	LAY16	一常开一常闭 自动复位	3	SB$_1$ 红 SB$_2$ 绿 SB$_3$ 黑
XT	接线端子排	JF5	AC 660 V，25 A	6	
M	三相鼠笼式异步电动机		U_N 380 V（Y），I_N 0.53 A，P_N 160 W	1	

二、电气原理图

按钮联锁的三相异步电动机正反转电气原理如图 2.8.1 所示。

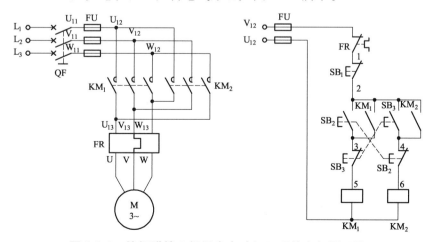

图 2.8.1　按钮联锁三相异步电动机正反转电气原理图

电路中的联锁环节——机械联锁

接触器联锁控制电路属于电气联锁，而在按钮联锁电路中两个按钮开关 SB_2 和 SB_3 之间是机械联锁。由图 2.8.1 可以看出，当我们按下 SB_2 时，SB_2 常闭触点先断开，使 KM_2 线圈失电，电机停止反转（假设 KM_1 吸合电动机正转，KM_2 吸合电动机反转）；随后 SB_2 常开触点闭合，KM_1 线圈得电，电动机开始正向运转，从而避免了 KM_1 和 KM_2 同时得电，造成短路。同理，当我们按下 SB_3 按钮时，先使 KM_1 线圈失电，电动机停止正转，然后 KM_2 线圈得电，电动机开始反向运转。当将两个按钮同时按下时，则两个开关的常闭触点都断开，两个开关的常开触点都无法与电源接通，当然辅助电路中的 KM_1 和 KM_2 也不会得电动作。这说明在同一时刻只能按动一个按钮开关，电路中的 KM_1 和 KM_2 只能有一个动作，不存在两个接触器同时得电动作的可能性。这就是联锁环节所起的作用，也是设置联锁环节的目的。

按钮联锁和接触器联锁是正反转电路中经常采用的联锁方式，但是两种联锁控制电路时也有不同之处。图 2.8.1 的按钮联锁电路无需停止电动机就能完成电动机从正转←→反转的直接转换控制过程。而图 2.7.1 的接触器联锁电路则是完成正转←→停止←→反转的转换过程，它是不能进行电动机转向的直接变换的。即要完成正转到反转的转换，或反转到正转的转换，需先使电动机停止运转后再进行变换转向的相应操作。在实际电路设计时，常常同时采用接触器联锁和机械联锁组成双重联锁电路来提高电路的安全性能。

三、电气安装接线图

本实训电气安装接线见图 2.8.2。

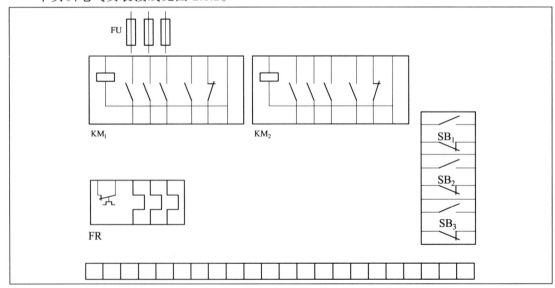

图 2.8.2　按钮联锁的三相异步电动机正反转电气安装接线图

1. 按照图 2.8.1 所示按钮联锁三相异步电动机正反转电气原理图,试完成如下工作:

（1）绘制元件布置图,注意元器件的尺寸大小以及摆放顺序。

（2）绘制电路安装接线图。

（3）根据安装接线图进行接线。（注意:接线时要按照布线工艺要求,主电路用黑色导线,控制电路用红色导线。）

（4）简述电路演示方法。

（5）根据图 2.8.1 所示按钮联锁三相异步电动机正反转电气原理图,总结电路电阻检测法的步骤,并对电路进行检测。

（6）用电阻分段测量法查找故障时,故障现象和测量分段的电阻值若为表 2.8.2 所示,试分析产生故障的可能原因。

表 2.8.2　故障诊断表

故障现象	测量点	电阻值	故障原因
按下 SB_2,KM_2 不吸合	V_{12}-1	∞	
	1-2	∞	
	2-3	0（按下 SB_2 为 ∞）	
	3-5	∞	
	5-U_{12}	∞	

2. 按钮联锁和接触器联锁都是控制电动机正、反转的控制电路,两者在操作上有什么不同?

3. 接触器线圈、主触点和辅助触点各接在什么电路中?

4. 图 2.8.3 所示的控制线路有哪些地方画错了?试加以改正,并说明改正原因。

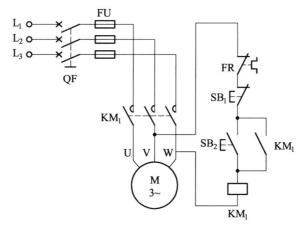

图 2.8.3　电动机控制线路

5. 试指出图 2.8.4 所示控制回路的接线是否正确，并说明会出现哪些现象？

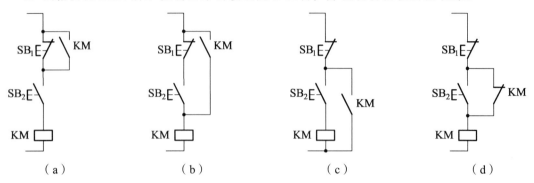

（a）　　　　　（b）　　　　　（c）　　　　　（d）

图 2.8.4　控制回路接线

6. 试指出图 2.8.5 中正、反转主电路的接法是否正确？为什么？

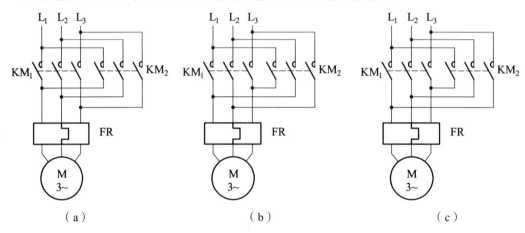

（a）　　　　　　（b）　　　　　　（c）

图 2.8.5　电动机正、反转主电路

7. 试指出图 2.8.6 中正、反转控制电路图中的错误，并说明会出现哪些现象？

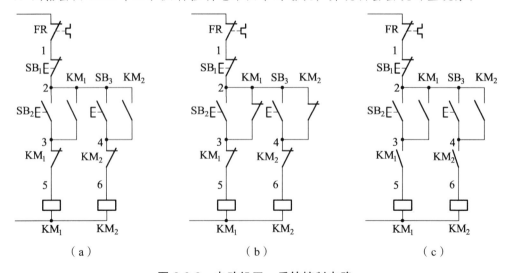

（a）　　　　　　（b）　　　　　　（c）

图 2.8.6　电动机正、反转控制电路

实训九　限位控制电路

一、所需电器元件

本实训所需电器元件见表 2.9.1。

表 2.9.1　所需电器元件明细

代号	名　称	型　号	规　格	数量	备　注
QF	低压断路器	DZ108-20/10F	脱扣器整定电流 0.63～1 A	1	
FU	螺旋式熔断器	RL1-15	配熔体 3 A	3	
			配熔体 2 A	2	练习时 可省去不接
KM₁ KM₂	交流接触器	CJX2-12	380 V，50/60 Hz	2	
FR	热继电器	NR2-25	整定电流 0.63～1 A	1	
SB₁ SB₂ SB₃	按钮开关	LAY16	一常开一常闭 自动复位	3	SB₁红 SB₂绿 SB₃黑
SQ₁ SQ₂	行程开关	JLXK1-111	AC 500 V，5 A	2	
M	三相鼠笼式 异步电动机		U_N 380 V（Y），I_N 0.53 A， P_N 160 W	1	
XT	接线端子排	JF5	AC 660 V，25 A	6	

二、电气原理图

限位控制三相异步电动机运转电气原理如图 2.9.1 所示。

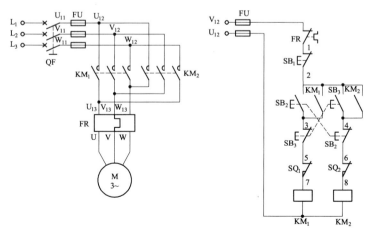

图 2.9.1　限位控制三相异步电动机运转电气原理图

三、电路工作原理

限位与工作台运动关系如图 2.9.2 所示，设 KM_1 吸合，工作台向右运动，SQ_1 是右限位；KM_2 吸合，工作台向左运动，SQ_2 是左限位。

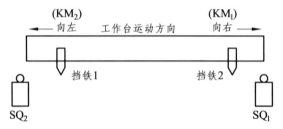

图 2.9.2　限位与工作台运动关系示意图

1. 工作台向右运动程序

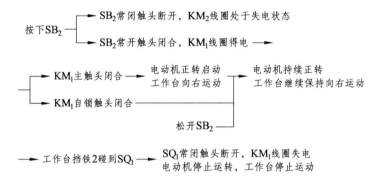

2. 工作台向左运动程序

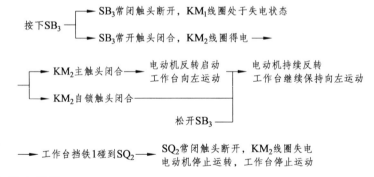

3. 工作台停止程序

按下 SB_1，KM_1 和 KM_2 均失电，电动机停止运转，工作台停止运动。

四、电路检测

1. 目　测

具体检测方法参照"实训 6 知识链接"内容。

2．万用表检测法

在断开电源的情况下，用万用表的欧姆挡（指针表宜用"×100"挡，数字表宜用"2 k"的挡位）。

（1）主电路的检测。

① 分别测量 U_{11}—U_{12}，V_{11}—V_{12}，W_{11}—W_{12} 之间电阻值，电阻值应为 0。

② 分别测量 U_{12}—U_{13}，V_{12}—V_{13}，W_{12}—W_{13} 之间电阻值，压下接触器 KM_1，电阻值应从无穷大指向零。

③ 分别测量 U_{12}—W_{13}，V_{12}—V_{13}，W_{12}—U_{13} 之间电阻值，压下接触器 KM_2，电阻值应从无穷大指向零。

④ 分别测量 U_{13}—U，V_{13}—V，W_{13}—W 之间电阻值应为 0。

（2）控制电路的检测。

① 测量 V_{12}—1 之间电阻值应为 0。

② 测量 1—2 之间电阻值应为 0，按下按钮 SB_1，电阻值变为 ∞。

③ 测量 2—3 之间电阻值应为 ∞，按下按钮 SB_2 或接触器 KM_1，电阻值变为 0。

④ 测量 3—5 之间电阻值应为 0，按下按钮 SB_3，电阻值变为 ∞。

⑤ 测量 5—7 之间电阻值应为 0，按下行程程开关 SQ_1，电阻值变为 ∞。

⑥ 测量 7—U_{12} 之间电阻值应为 KM_1 线圈阻值。

⑦ 测量 2—4 之间电阻值应为 ∞，按下按钮 SB_3 或接触器 KM_2，电阻值变为 0。

⑧ 测量 4—6 之间电阻值应为 0，按下按钮 SB_2，电阻值变为 ∞。

⑨ 测量 6—8 之间电阻值应为 0，按下行程程开关 SQ_2，电阻值变为 ∞。

⑩ 测量 8—U_{12} 之间电阻值应为 KM_2 线圈阻值。

五、电气安装接线图

本实训电气安装接线见图 2.9.3。

思考与练习

1. 简述如何检测行程开关的好坏？

2. 行程开关在限位控制电路中的作用是什么？

3. 在限位控制电路中，若把 SQ_1 的常闭触点换为常开触点会有什么现象？

4. 按照图 2.9.1 所示限位控制三相异步电动机运转电气原理图，试完成如下工作：

（1）绘制元件布置图。

（2）绘制安装接线图。

（3）根据安装接线图进行接线。

（4）简述电路演示方法。

（5）根据图 2.9.1 所示限位控制三相异步电动机运转电气原理图，总结电路电阻检测法的步骤，并对电路进行检测。

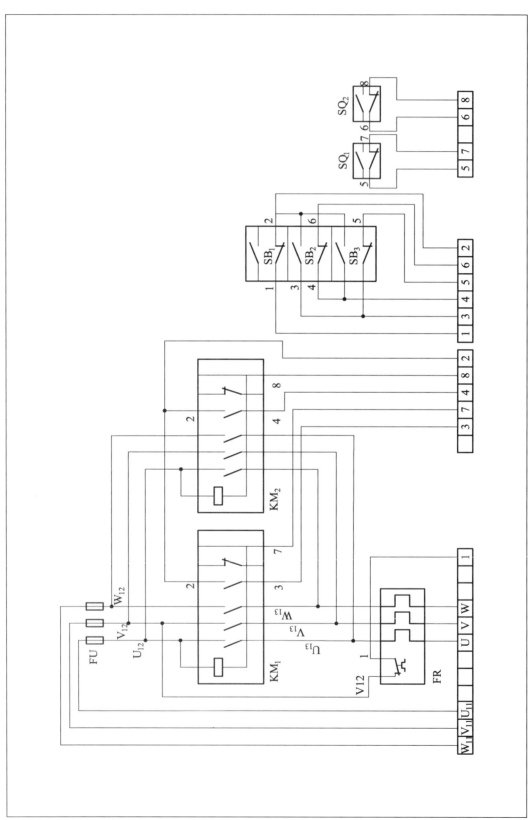

图 2.9.3 限位控制三相异步电动机运转电气安装接线图

实训十 Y-△降压启动电路

三相鼠笼式异步电动机转子绕组为鼠笼型，定子绕组为三相绕组。根据电动机的功率大小，三相鼠笼式异步电动机启动方法不同，所以定子绕组的接法也就不同。三相鼠笼式异步电动机功率在 3 kW 以下定子绕组一般用星型接法，功率在 4 kW 及以上时，定子绕组均采用三角形接法。三相异步电动机功率在 10 kW 以内可以全压启动，而功率超过 10 kW，则应采取降压启动。Y-△降压启动就是其中的一种方法。

Y-△降压启动是指电动机通过辅助电路的控制，使电动机开始启动时定子绕组为星形接法，过一段时间（例如 40 s）后电动机定子绕组自动从星形接法转为三角形接法继续启动，并转为正常运行。

一、所需电器元件

本实训所需电器元件见表 2.10.1。

表 2.10.1 所需电器元件明细

代号	名 称	型 号	规 格	数量	备 注
QF	低压断路器	DZ108-20/10F	脱扣器整定电流 0.63～1 A	1	
FU	螺旋式熔断器	RL1-15	配熔体 3 A	3	
KM KM$_Y$ KM$_\triangle$	交流接触器	CJX2-12	线圈 AC 380 V，50/60 Hz	3	
FR	热继电器	NR2-25	整定电流 0.63～1 A	1	
SB$_1$ SB$_2$	按钮开关	LAY16	一常开一常闭 自动复位	2	SB$_1$ 红 SB$_2$ 绿
XT	接线端子排	JF5	AC 660 V，25 A	6	
M	三相鼠笼式 异步电动机		U_N 380 V（Y），I_N 0.53 A，P_N 160 W	1	
KT	通电延时时间 继电器	ST3PA-B	二常开二常闭	1	

二、电气原理图

Y-△降压启动电气原理如图 2.10.1 所示。

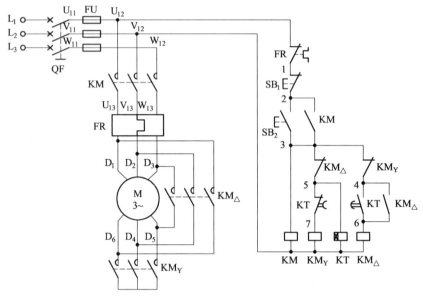

图 2.10.1 Y-△降压启动电气原理图

三、电路工作原理

主电路的三相异步电动机 M 由三个交流接触器 KM、KM$_Y$、KM$_△$控制，电动机有过载保护（热继电器 FR 起过载保护作用）和短路保护环节（熔断器 FU 起短路保护作用）。主电路电源为 380 V 三相交流电源。

辅助电路控制元件有启动按钮开关 SB$_2$ 和停止按钮开关 SB$_1$，有时间继电器 KT、交流接触器 KM、KM$_Y$、KM$_△$。

辅助电路中的时间继电器 KT 和交流接触器 KM、KM$_Y$、KM$_△$组成时序单元电路。也就是说，交流接触器 KM、KM$_Y$、KM$_△$的动作受时间继电器 KT 的控制，并控制主电路中的电动机定子绕组在"Y"接启动与"△"接启动之间的转换。

辅助电路中有自锁环节和联锁环节，其中电气联锁环节由串接于交流接触器 KM$_Y$ 线圈上边的 KM$_△$常闭触点和串接于 KM$_△$线圈上边的 KM$_Y$ 常闭触点组成。也就是说，交流接触器 KM$_Y$ 得电动作迫使交流接触器 KM$_△$不能得电动作，反过来也是如此，从而确保电动机定子绕组星形接法启动时，不会发生定子绕组三角形接法。只有电动机星形接法启动一段时间后（KT 定时时间），才能使电动机先断开星形连接形式，紧接着立即转为三角形连接。实际电动机在定子绕组从"Y"接转为"△"接过程中，有瞬间电动机是处于断电状态的（既不是"Y"接，也不是"△"接）。

电动机从星形接法启动开始到其定子绕组转换到三角形接法继续启动这段时间，控制是由时间继电器 KT 来实现的。

下面我们来说明电路工作原理。

合上电源开关 QF：

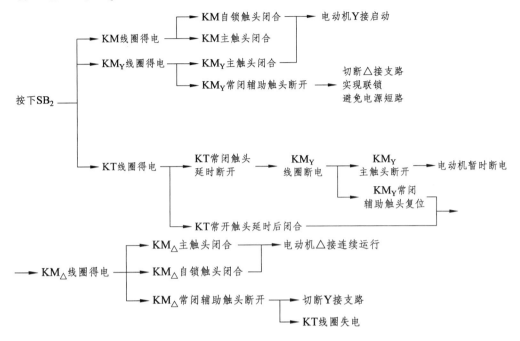

四、电气安装接线图

本实训电气安装接线见图 2.10.2。

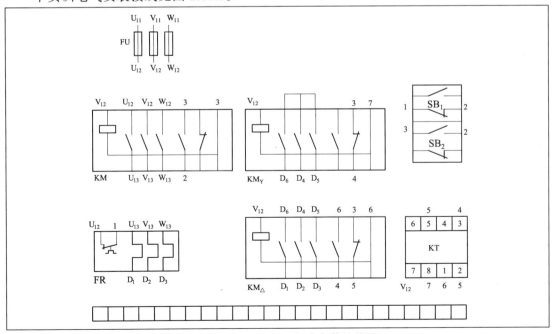

图 2.10.2 Y-△降压启动安装接线图

1. 三相鼠笼式异步电动机功率大于 10 kW 时，为什么要采用 Y-△ 启动方式？

2. 简述 Y-△ 启动电路的工作原理。

3. 在 KM$_△$ 线圈电路中接有多个常开、常闭触点，试说明它们的用途。

4. 在 Y-△ 启动电路中，指出其中的自锁和联锁环节，并说明其作用。

5. 图 2.10.3 所示是另外一种 Y-△ 启动电路的连接电路。

（1）根据该电路原理图正确画出其安装接线图。

（2）根据安装接线图正确接线。

（3）检查线路，通电试运行。

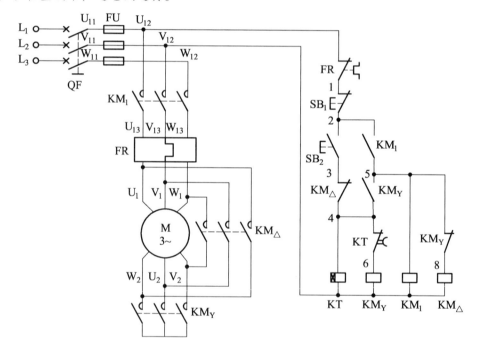

图 2.10.3　Y-△降压控制启动

实训十一 两台电动机顺序启动电路

一、所需电器元件

本实训所需电器元件见表 2.11.1。

表 2.11.1 所需电器元件明细

代号	名 称	型 号	规 格	数量	备 注
QF	低压断路器	DZ108-20/10F	脱扣器整定电流 0.63~1 A	1	
FU	螺旋式熔断器	RL1-15	配熔体 3 A	3	
			配熔体 2 A	2	练习时可省去不接
KM$_1$ KM$_2$	交流接触器	CJX2-12	线圈 AC 380 V，50/60 Hz	2	
FR	热继电器	NR2-25	整定电流 0.63~1 A	2	
SB$_1$ SB$_2$ SB$_3$ SB$_4$	按钮开关	LAY16	一常开一常闭 自动复位	4	SB$_1$、SB$_3$ 红 SB$_2$、SB$_4$ 绿
XT	接线端子排	JF5	AC 660 V，25 A	6	
M	三相鼠笼式 异步电动机		U_N 380 V（Y），I_N 0.53 A， P_N 160 W	2	

二、电气原理图

两台电动机顺序启动电气原理如图 2.11.1 所示。

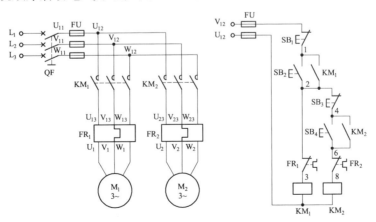

图 2.11.1 两台电机顺序启动控制电气原理图

三、电路工作原理

1. 电动机的启动过程（必须电动机 M₁ 启动后，电动机 M₂ 才能启动）
合上电源开关 QF：

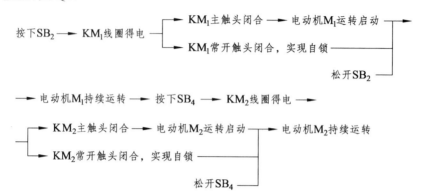

2. 电动机的停止过程（可单独使电动机 M₂ 停止，也可使两台电动机同时停止）
M2 单独停止：

按下 SB₃→KM₂线圈失电→KM₂主触头断开→电动机 M₂停止运转

M₁、M₂ 同时停止：

按下SB₁ ┬→ KM₁线圈失电 ─→ KM₁主触头断开 ─→ 电动机M₁停止运转
　　　　 └→ KM₂线圈失电 ─→ KM₂主触头断开 ─→ 电动机M₂停止运转

四、电气安装接线图

本实训电气安装接线见图 2.11.2。

　按照图 2.11.1 所示两台电机顺序启动控制电气原理图，试完成如下工作：
（1）绘制元件布置图。
（2）绘制安装接线图。
（2）根据安装接线图进行接线。
（3）简述电路演示方法。
（4）根据图 2.11.1 所示两台电机顺序启动控制电气原理图，总结电路电阻检测法的步骤，并对电路进行检测。

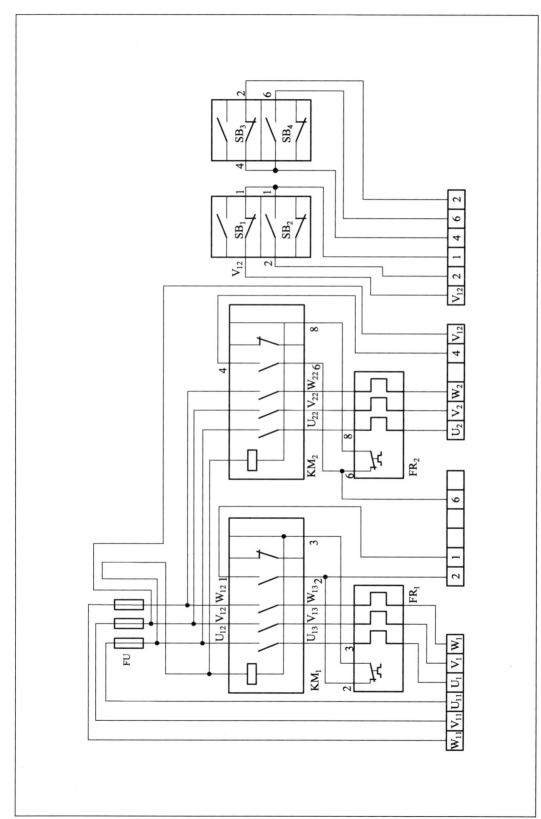

图 2.11.2　两台电机顺序启动电气安装接线图

实训十二　双速电动机启动电路

双速电动机属于异步电动机变极调速，是通过改变定子绕组的连接方法达到改变定子旋转磁场的磁极对数，从而改变电动机的转速。

一、所需电器元件

本实训所需电器元件见表 2.12.1。

表 2.12.1　所需电器元件明细

代号	名　称	型　号	规　格	数量	备　注
QF	低压断路器	DZ108-20/10F	脱扣器整定电流 0.63～1 A	1	
FU	螺旋式熔断器	RL1-15	配熔体 3 A	3	
KM$_1$ KM$_2$ KM$_3$	交流接触器	CJX2-12	线圈 AC 380 V，50/60 Hz	3	
FR	热继电器	NR2-25	整定电流 0.63～1 A	1	
SB$_1$ SB$_2$ SB$_3$	按钮开关	LAY16	一常开一常闭 自动复位	3	SB$_1$ 红 SB$_2$ 绿 SB$_3$ 黑
XT	接线端子排	JF5	AC 660 V，25 A	6	
M	三相鼠笼式 异步电动机		U_N 380 V（Y），I_N 0.53 A， P_N 160 W	1	

二、电气原理图

双速电动机低速时定子绕组为三角形接法，高速时定子绕组为双星形接法。双速电动机启动电路原理见图 2.12.1 和图 2.12.2。

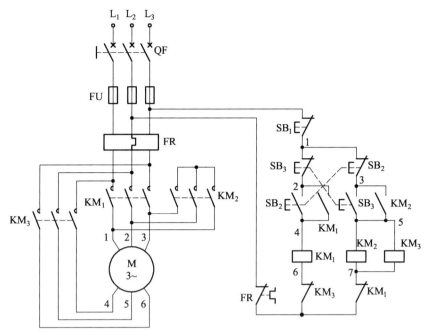

图 2.12.1　双速电动机启动电路原理图

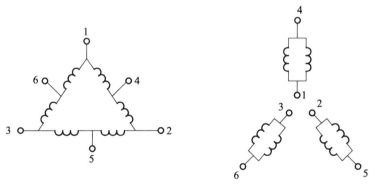

图 2.12.2　定子绕组

三、电路工作原理

1. 低速运行时

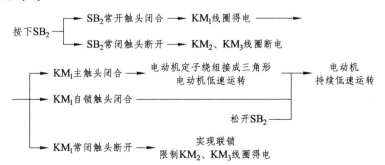

2. 高速运行时

思考与练习

1. 根据图 2.12.1 所示双速电动机启动电路原理图，完成以下工作：

（1）画出双速电动机启动电路的安装接线图。

（2）按照安装、布线工艺要求正确接线。

（3）写出电阻法检测步骤，并进行检测。

（4）简述电路演示方法，并通电试运行。

2. 双速电动机定子绕组为什么有两种连接方法？

3. 双速电动机启动电路中，电动机以哪种接法运转时速度高？

实训十三　电动机串电阻降压启动电路

一、所需电器元件

本实训所需电器元件见表 2.13.1。

表 2.13.1　所需电器元件明细

代号	名　称	型　号	规　格	数量	备　注
QF₁ QF₂	低压断路器	DZ108-20/10F	脱扣器整定电流 0.63～1 A	2	
FU	螺旋式熔断器	RL1-15	配熔体 3 A	3	
FR	热继电器	NR2-25	整定电流 0.63～1 A	1	
R	可调电阻箱	WD1-4	90 Ω，1.3 A	3	
XT	接线端子排	JF5	AC 660 V，25 A	6	
M	三相鼠笼式 异步电动机		U_N 380 V（Y），I_N 0.53 A， P_N 160 W	1	

二、电气原理图

电动机串电阻降压启动电气原理如图 2.13.1 所示。

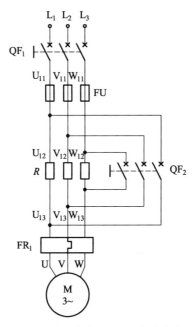

图 2.13.1　电动机串电阻降压启动电气原理图

三、电路工作原理

合上电源开关 QF_1，由于定子绕组中串联电阻起到降压作用，所以这时加到电动机定子绕组上的电压低于额定电压，这就限制了启动电流。随着电动机的启动，转速逐渐升高，当电动机转速接近额定转速时，立即合上 QF_2，将电阻短接，定子绕组上的电压便上升到额定工作电压（全压），从而使电动机处于正常运转状态。

1. 根据图 2.13.1 所示电动机串电阻降压启动电气原理图，完成以下工作：
（1）绘制出电动机串电阻降压启动电路的安装接线图。
（2）总结该电路的电阻法检测步骤。
2. 简述为什么要采用电阻串联降压启动？

第三部分   实训考核

【内容提要】

本单元设 5 个考核电路，主要考核学生对电工工具、仪表的使用，常用低压电器的认识，自主识图和绘制电路接线图的能力，按照装配工艺要求正确安装电路的能力，以及检测和排除电路故障的能力。

考核电路一   工作台自动往返控制电路

一、所需电器元件

本考核所需电器元件见表 3.1.1。

表 3.1.1   所需电顺元件明细

代号	名　称	型　号	规　格	数量	备　注
QF	低压断路器	DZ108-20/10F	脱扣器整定电流 0.63～1 A	1	
FU	螺旋式熔断器	RL1-15	配熔体 3 A	3	
			配熔体 2 A	2	练习时可省去不接
KM₁ KM₂	交流接触器	CJX2-12	线圈 AC 380 V，50/60 Hz	2	
FR	热继电器	NR2-25	整定电流 0.63～1 A	1	
SB₁ SB₂ SB₃	按钮开关	LAY16	一常开一常闭 自动复位	3	SB₁ 红 SB₂ 绿 SB₃ 黑
SQ₁ SQ₂ SQ₃ SQ₄	行程开关	JLXK1-111	AC 500 V，5 A	4	
XT	接线端子排	JF5	AC 660 V，25 A	6	
M	三相鼠笼式 异步电动机		U_N 380 V（Y），I_N 0.53 A，P_N 160 W	1	

二、电气原理图

工作台自动往返控制电气原理如图 3.1.1 所示，行程开关与工作台运动关系如图 3.1.2 所示。

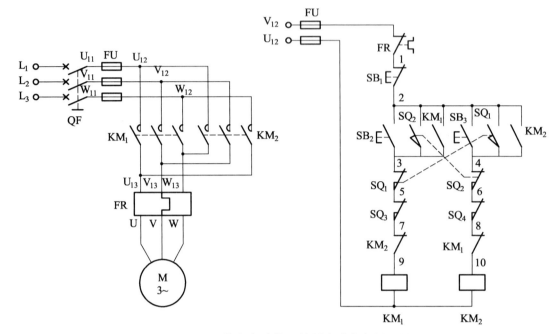

图 3.1.1　工作台自动往返控制电路电气原理图

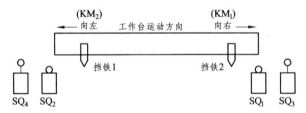

图 3.1.2　行程开关与工作台运动关系示意图

三、考核内容

（1）列出所需元件明细表。

（2）根据电气原理图画出安装接线图。

（3）配齐并检查元件。

（4）合理布置元件，要求元件安装要坚固，排列要整齐。

（5）按安装接线图接线，其中主电路用黑色导线、控制电路用红色导线。

（6）线路敷设整齐、布线合理、不交叉、不跨接和架空，线路横平竖直，导线压接紧固、规范、不伤线芯，编码套管齐全。

（7）检测线路，正确无误后通电试运行。

四、操作要点

该线路按钮开关和行程开关较多，容易出现错接和漏接。安装接线时应注意以下内容：

（1）主回路的调相接线是否正确无误和无漏接现象。

（2）按钮盒、限位开关的接线应在两端套上编码管。

（3）端子排下端同号相连，记清楚每个号码有几个连接点，不能少连或多连。

（4）互锁触点要接对，KM_1 的互锁点应串在 KM_2 的线圈回路中，而 KM_2 的互锁点应串在 KM_1 的线圈回路中。

（5）用电阻测量法检查线路安装是否正确。

（6）通电试运行时，注意操作安全，做好监护工作。

五、评分标准

评分标准见表 3.1.2。

表 3.1.2　评分标准

项目内容	配分	评分标准	扣分
装前检查	15	（1）电动机质量检查，每漏一处扣 5 分	
		（2）电器元件漏检或错检，每处扣 2 分	
安装元件	15	（1）不按布置图安装扣 15 分	
		（2）元件安装不紧固，每只扣 4 分	
		（3）安装元件时漏装固定螺丝扣 2 分	
		（4）元件安装不整齐、不匀称、不合理，每只扣 3 分	
		（5）损坏元件扣 15 分	
布线	30	（1）不按电路图接线扣 25 分	
		（2）布线不符合要求： 主电路，每根扣 4 分 控制电路，每根扣 2 分	
		（3）接点松动、露铜过长、压绝缘层、反圈等，每个接点扣 1 分	
		（4）损伤导线绝缘层或线芯，每根扣 5 分	
		（5）漏套或错套编码套管，每处扣 2 分	
		（6）漏接接地线扣 10 分	
通电运行	40	（1）热继电器未整定或整定错误扣 5 分	
		（2）熔体规格配错，扣 5 分	
		（3）第一次试运行不成功扣 20 分 第二次试运行不成功扣 30 分 第三次试运行不成功扣 40 分	
安全文明生产		违反安全文明生产规程扣 5~40 分	
定额时间 4 h		每超时 5 min（含小于 5 min）扣 5 分	
备　注		除定额时间外，各项目的最高扣分不应超过该项分配分数	
开始时间：		结束时间：　　　　　实际时间：	

考核电路二　两台电动机顺序启动、停转控制电路

一、所需电器元件

本考核所需电器元件见表 3.2.1。

表 3.2.1　所需电器元件明细

代号	名　称	型　号	规　格	数量	备　注
QF	低压断路器	DZ108-20/10F	脱扣器整定电流 0.63~1 A	1	
FU	螺旋式熔断器	RL1-15	配熔体 3 A	3	练习时可省去不接
			配熔体 2 A	2	
KM$_1$ KM$_2$	交流接触器	CJX2-12	线圈 AC 380 V，50/60 Hz	2	
FR	热继电器	NR2-25	整定电流 0.63~1 A	2	
SB$_1$ SB$_2$ SB$_3$ SB$_4$	按钮开关	LAY16	一常开一常闭 自动复位	4	SB$_2$、SB$_3$ 红 SB$_1$、SB$_4$ 绿
XT	接线端子排	JF5	AC 660 V，25 A	6	
M	三相鼠笼式 异步电动机		U_N 380 V（Y），I_N 0.53 A，P_N 160 W	2	

二、电气原理图

两台电动机顺序启动、停转控制电气原理如图 3.2.1 所示。

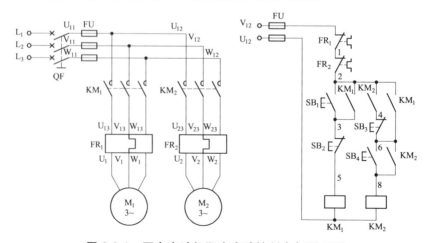

图 3.2.1　两台电动机顺序启动控制电气原理图

三、考核内容

（1）列出所需元件明细表。

（2）根据电气原理图画出安装接线图。

（3）配齐并检查元件。

（4）合理布置元件，要求元件安装要坚固，排列要整齐。

（5）按安装接线图接线，其中主电路用黑色导线、控制电路用红色导线。

（6）线路敷设整齐、布线合理、不交叉、不跨接和架空，线路横平竖直，导线压接紧固、规范、不伤线芯，编码套管齐全。

（7）检测线路，正确无误后通电试运行。

四、操作要点

安装接线注意事项：

（1）主电路的连接线是否正确无误和无漏接现象。

（2）往端子排上连接的导线应套上编码套管，最后要同号相连，不能少连或多连。

（3）电路接完后用电阻分段测量法检查线路安装是否正确。

（4）通电试运行时，注意操作安全，做好监护工作。

五、评分标准

评分标准见表3.2.2。

表3.2.2 评分标准

项目内容	配分	评分标准	扣分
装前检查	15	（1）电动机质量检查，每漏一处扣5分	
		（2）电器元件漏检或错检，每处扣2分	
安装元件	15	（1）不按布置图安装扣15分	
		（2）元件安装不紧固，每只扣4分	
		（3）安装元件时漏装固定螺丝扣2分	
		（4）元件安装不整齐、不匀称、不合理，每只扣3分	
		（5）损坏元件扣15分	
布线	30	（1）不按电路图接线扣25分	
		（2）布线不符合要求： 主电路，每根扣4分 控制电路，每根扣2分	

项目内容	配分	评分标准	扣分
布线	30	（3）接点松动、露铜过长、压绝缘层、反圈等，每个接点扣 1 分	
		（4）损伤导线绝缘层或线芯，每根扣 5 分	
		（5）漏套或错套编码套管，每处扣 2 分	
		（6）漏接接地线扣 10 分	
通电运行	40	（1）热继电器未整定或整定错误扣 5 分	
		（2）熔体规格配错，扣 5 分	
		（3）第一次试运行不成功扣 20 分 第二次试运行不成功扣 30 分 第三次试运行不成功扣 40 分	
安全文明生产		违反安全文明生产规程扣 5～40 分	
定额时间 4 h		每超时 5 min（含小于 5 min）扣 5 分	
备 注		除定额时间外，各项目的最高扣分不应超过该项分配分数	
开始时间：		结束时间： 实际时间：	

考核电路三 两地双重联锁正反转控制电路

一、所需电器元件

本考核所需电器元件见表 3.3.1。

表 3.3.1 所需电器元件明细

代号	名 称	型 号	规 格	数量	备 注
QF	低压断路器	DZ108-20/10F	脱扣器整定电流 0.63~1 A	1	
FU	螺旋式熔断器	RL1-15	配熔体 3 A	3	练习时 可省去不接
			配熔体 2 A	2	
KM$_1$ KM$_2$	交流接触器	CJX2-12	线圈 AC 380 V，50/60 Hz	2	
FR	热继电器	NR2-25	整定电流 0.63~1 A	2	
SB$_1$ SB$_2$ SB$_3$ SB$_4$ SB$_5$ SB$_6$	按钮开关	LAY16	一常开一常闭 自动复位	6	SB$_1$、SB$_2$ 红 SB$_3$、SB$_4$ 绿 SB$_5$、SB$_6$ 黑
XT	接线端子排	JF5	AC 660 V，25 A	6	
M	三相鼠笼式 异步电动机		U_N 380 V（Y），I_N 0.53 A， P_N 160 W	1	

二、电气原理图

两地双重联锁正反转控制电气原理如图 3.3.1 所示。

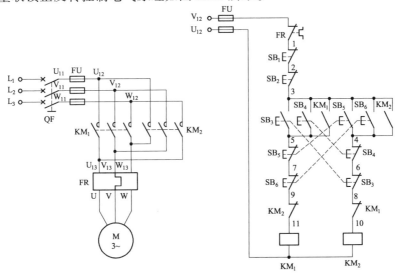

图 3.3.1 两地双重联锁正反转控制电气原理图

101

三、考核内容

（1）根据电气原理图画出安装接线图。

（2）配齐并检查元件。

（3）合理布置元件，要求元件安装要坚固，排列要整齐。

（4）按安装接线图接线，其中主电路用黑色导线、控制电路用红色导线。

（5）线路敷设整齐、布线合理、不交叉、不跨接和架空，线路横平竖直、导线压接紧固、规范、不伤线芯，编码套管齐全。

（6）检测线路，正确无误后通电试运行。通电时注意操作安全，并做好监护工作。

四、评分标准

评分标准见表 3.3.2。

表 3.3.2　评分标准

项目内容	配分	评 分 标 准	扣分
装前检查	15	（1）电动机质量检查，每漏一处扣 5 分	
		（2）电器元件漏检或错检，每处扣 2 分	
安装元件	15	（1）不按布置图安装扣 15 分	
		（2）元件安装不紧固，每只扣 4 分	
		（3）安装元件时漏装固定螺丝扣 2 分	
		（4）元件安装不整齐、不匀称、不合理，每只扣 3 分	
		（5）损坏元件扣 15 分	
布线	30	（1）不按电路图接线扣 25 分	
		（2）布线不符合要求： 　　主电路，每根扣 4 分 　　控制电路，每根扣 2 分	
		（3）接点松动、露铜过长、压绝缘层、反圈等，每个接点扣 1 分	
		（4）损伤导线绝缘层或线芯，每根扣 5 分	
		（5）漏套或错套编码套管，每处扣 2 分	
		（6）漏接接地线扣 10 分	
通电运行	40	（1）热继电器未整定或整定错误扣 5 分	
		（2）熔体规格配错，扣 5 分	
		（3）第一次试运行不成功扣 20 分 　　第二次试运行不成功扣 30 分 　　第三次试运行不成功扣 40 分	
安全文明生产		违反安全文明生产规程扣 5~40 分	
定额时间 4 h		每超时 5 min（含小于 5 min）扣 5 分	
备　注		除定额时间外，各项目的最高扣分不应超过该项分配分数	
开始时间：		结束时间：　　　　　　　实际时间：	

考核电路四　CA6140 普通车床控制电路

一、所需电器元件

本考核所需电器元件见表 3.4.1。

表 3.4.1　所需电器元件明细

代号	名　称	型　号	规　格	数量	备　注
QF	低压断路器	DZ108-20/10F	脱扣器整定电流 0.63～1 A	1	
FU	螺旋式熔断器	RL1-15	配熔体 3 A	6	
			配熔体 2 A	2	练习时 可省去不接
KM$_1$ KM$_2$ KM$_3$	交流接触器	CJX2-12	线圈 AC 380 V，50/60 Hz	3	
SA	转换开关	LAY37	二位旋钮转换开关	1	
FR	热继电器	NR2-25	整定电流 0.63～1 A	2	
SB$_1$ SB$_2$ SB$_3$	按钮开关	LAY16	一常开一常闭 自动复位	3	SB$_1$ 红 SB$_2$、SB$_3$ 绿
XT	接线端子排	JF5	AC 660 V，25 A	6	
M$_1$	主轴电动机	三相鼠笼式 异步电动机	U_N 380 V（Y），I_N 0.53 A， P_N 160 W	3	
M$_2$	冷却泵电动机				
M$_3$	刀架快速移动电动机				

二、电气原理图

CA6140 普通车床控制电气原理如图 3.4.1 和图 3.4.2 所示。

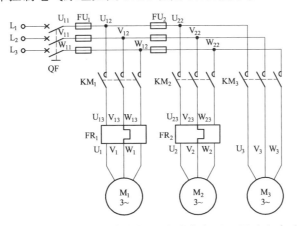

图 3.4.1　CA6140 普通车床控制电路电气原理图（主电路）

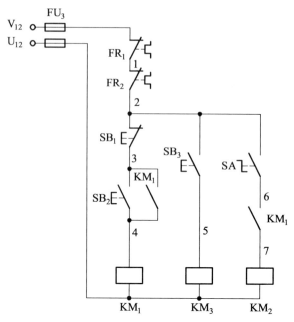

图 3.4.2　CA6140 普通车床控制电路电气原理图（控制电路）

三、考核内容

（1）分析电路工作原理。

（2）根据电气原理图画出安装接线图。

（3）配齐并检查元件，合理安装元器件、敷设电路、检测电路、通电试车。

（4）设置若干故障点，按要求排除故障。

四、评分标准

评分标准见表 3.4.2。

表 3.4.2　评分标准

项目内容	配分	评分标准	扣分
装前检查	15	（1）电动机质量检查，每漏一处扣 5 分	
		（2）电器元件漏检或错检，每处扣 2 分	
安装元件	15	（1）不按布置图安装扣 15 分	
		（2）元件安装不紧固，每只扣 4 分	
		（3）安装元件时漏装固定螺丝扣 2 分	
		（4）元件安装不整齐、不匀称、不合理，每只扣 3 分	
		（5）损坏元件扣 15 分	

项目内容	配分	评分标准	扣分
布线	30	（1）不按电路图接线扣 25 分	
		（2）布线不符合要求： 主电路，每根扣 4 分 控制电路，每根扣 2 分	
		（3）接点松动、露铜过长、压绝缘层、反圈等，每个接点扣 1 分	
		（4）损伤导线绝缘层或线芯，每根扣 5 分	
		（5）漏套或错套编码套管，每处扣 2 分	
		（6）漏接接地线扣 10 分	
通电运行	40	（1）热继电器未整定或整定错扣 5 分	
		（2）熔体规格配错，扣 5 分	
		（3）第一次试运行不成功扣 20 分 第二次试运行不成功扣 30 分 第三次试运行不成功扣 40 分	
安全文明生产		违反安全文明生产规程扣 5~40 分	
定额时间 4 h		每超时 5 min（含小于 5 min）扣 5 分计算	
备注		除定额时间外，各项目的最高扣分不应超过该项分配分数	
开始时间：		结束时间： 实际时间：	

考核电路五 T68 卧式镗床控制电路

一、所需电器元件

本考核所需电器元件见表 3.5.1。

表 3.5.1 所需电器元件明细

代号	名 称	型 号	规 格	数量	备 注
QF	低压断路器	DZ108-20/10F	脱扣器整定电流 0.63～1 A	1	
FU	螺旋式熔断器	RL1-15	配熔体 3 A	6	
			配熔体 2 A	2	练习时 可省去不接
KM₁ ～ KM₇	交流接触器	CJX2-12	线圈 AC 380 V，50/60 Hz	7	
KT	时间继电器	F5-T2	AC 380 V，50/60 Hz	1	
FR	热继电器	NR2-25	整定电流 0.63～1 A	1	
SB₁ ～ SB₅	按钮开关	LAY16	一常开一常闭 自动复位	5	SB₁ 红 SB₂～SB₅ 绿
SQ₁ ～ SQ₆	行程开关	JLXK1-111	AC 500 V，5 A	6	
XT	接线端子排	JF5	AC 660 V，25 A	12	
M₁	主轴电动机	三相鼠笼式 异步电动机	7.5 kW，2 900/1 400 r/min	1	
M₂	快速移动电动机		3 kW，1 430 r/min	1	
YB	制动电磁铁		380 V，吸力 78.5 N	1	

二、电气原理图

T68 卧式镗床控制电气原理如图 3.5.1 和图 3.5.2 所示。

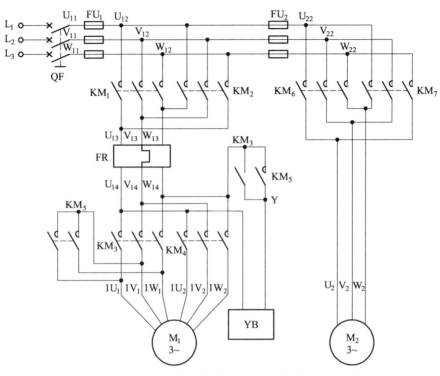

图 3.5.1　T68 卧式镗床控制电路电气原理图（主电路）

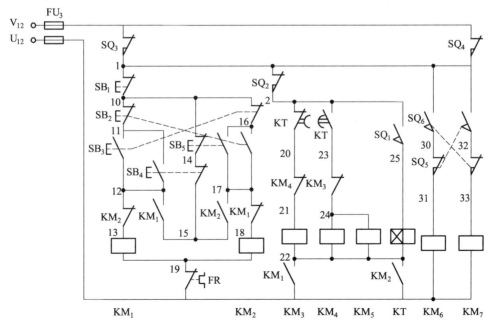

图 3.5.2　T68 卧式镗床控制电路电气原理图（控制电路）

三、考核内容

（1）分析电路工作原理。

（2）根据电气原理图画出安装接线图。

（3）配齐并检查元件，合理安装元器件、敷设电路、检测电路、通电试车。

（4）设置若干故障点，按要求排除故障。

四、评分标准

评分标准见表3.5.2。

表3.5.2 评分标准

项目内容	配分	评分标准	扣分
装前检查	15	（1）电动机质量检查，每漏一处扣5分	
		（2）电器元件漏检或错检，每处扣2分	
安装元件	15	（1）不按布置图安装扣15分	
		（2）元件安装不紧固，每只扣4分	
		（3）安装元件时漏装固定螺丝扣2分	
		（4）元件安装不整齐、不匀称、不合理，每只扣3分	
		（5）损坏元件扣15分	
布线	30	（1）不按电路图接线扣25分	
		（2）布线不符合要求： 主电路，每根扣4分 控制电路，每根扣2分	
		（3）接点松动、露铜过长、压绝缘层、反圈等，每个接点扣1分	
		（4）损伤导线绝缘层或线芯，每根扣5分	
		（5）漏套或错套编码套管，每处扣2分	
		（6）漏接接地线扣10分	
通电运行	40	（1）热继电器未整定或整定错误扣5分	
		（2）熔体规格配错，扣5分	
		（3）第一次试运行不成功扣20分 第二次试运行不成功扣30分 第三次试运行不成功扣40分	
安全文明生产		违反安全文明生产规程扣5～40分	
定额时间4 h		每超时5 min（含小于5 min）扣5分计算	
备 注		除定额时间外，各项目的最高扣分不应超过该项分配分数	
开始时间：		结束时间： 实际时间：	

附　录　维修电工实训守则

　　学生进入维修电工实训室进行实训，应听从任课教师和实训指导教师的指挥和安排，严格遵守各种安全规程，确保人身和设备安全。为避免用电事故发生，特制订如下实训守则：

　　（1）严禁携带液体进入实训室。

　　（2）学生在实训前，要认真听取老师讲解电路工作原理，了解实训相关电路元件、设备的使用方法及注意事项，明确实训目的和内容。

　　（3）实训时要保持好工作台面卫生，工具使用完毕按要求摆放到规定位置。未使用的导线抻直后按颜色不同分别摆放。螺丝、螺母旋紧于相应元件上，不得散落在工作台和地面上。

　　（4）实际操作前先画出电路原理图，合理选择元件，并根据原理图正确绘制安装接线图。

　　（5）认真连接电路，合理布置元件，勤俭节约，不浪费实训材料。实训中将剥离的导线绝缘外皮统一放在收纳盒中，不得随意丢弃。不准将实训材料带出实训室。

　　（6）电路连接完毕，按照接线图认真检查线路，检查无误后，再请老师检测。

　　（7）经老师同意后方能接通实验台电源，未经实训教师同意任何人不得擅自接通电源。

　　（8）通电试车前，必须熟练掌握电路的演示方法，接通电源后，按步骤要求对电路进行演示操作。通电试车时，严禁用手触摸工作台，并且身体任何部位不得触碰电路中导体裸露部分。若电路出现故障，应立即切断电源，再进行故障排查。严禁带电检查。

　　（9）工作台接通电源后，教师应站于工作台电源开关一侧，如遇学生误操作发生触电事故时，教师应立即切断电源，进行施救。

　　（10）通电结束后，先切断电源，再拆除电路，然后将元件、导线整理好。

　　（11）学生进入实训教室必须遵守纪律，不准大声喧哗、嬉戏打闹，不准乱扔废纸、食品袋、饮料瓶等垃圾。每次实训结束后，应主动打扫实训教室，保持实训教室整洁。

参 考 文 献

［1］ 王荣海. 电工技能与实训[M]. 北京：电子工业出版社，2008.

［2］ 周德仁，孔晓华. 电工技术基础与技能[M]. 北京：电子工业出版社，2013.

［3］ 曾小春. 安全用电[M]. 北京：中国电力出版社，2008.

［4］ 张晓东，周学斌. 电工电子技术与技能[M]. 北京：北京出版社，2010.

后 记

　　《国家教育事业发展"十三五"规划》指出："要大力发展职业教育，全面提升职业教育质量，加快构建现代职业教育体系，践行知行合一，将实践教学作为深化教学改革的关键环节，丰富实践育人有效载体。"本书是洛阳铁路信息工程学校多年实践教学的凝练，是经过教师十数年的教学、总结、改进，形成的适合职业院校维修电工实践教学的实用教材。

　　本书在编写过程中得到了洛阳铁路信息工程学校有关领导的大力支持，同时也得到课程实训教师的帮助和指导，在此谨对各位领导和老师的支持和帮助表示衷心的感谢！

编　者

2018 年 1 月